中国宠物食品行业发展报告

王金全　等　著

中国农业科学技术出版社

图书在版编目（CIP）数据

中国宠物食品行业发展报告 / 王金全等著. --北京：中国农业科学技术出版社，2022. 6

ISBN 978-7-5116-5637-7

Ⅰ. ①中… Ⅱ. ①王… Ⅲ. ①宠物－食品行业－产业发展－研究报告－中国 Ⅳ. ①F326.33

中国版本图书馆CIP数据核字（2021）第263269号

责任编辑 陶 莲
责任校对 李向荣
责任印制 姜义伟 王思文

出 版 者 中国农业科学技术出版社
北京市中关村南大街12号 邮编：100081
电 话 （010）82109705（编辑室） （010）82109702（发行部）
（010）82109709（读者服务部）
网 址 http: // www.castp.cn
经 销 者 各地新华书店
印 刷 者 北京建宏印刷有限公司
开 本 210 mm × 285 mm 1/16
印 张 6
字 数 95千字
版 次 2022年6月第1版 2022年6月第1次印刷
定 价 498.00元

《中国宠物食品行业发展报告》

著者名单

顾　　问　李德发　印遇龙　马　莹　戴小枫　李胜敏　王晓红

主　　著　王金全

副 主 著　粟胜兰　丁丽敏　王秀敏　韩　冰　陶　慧　王振龙
张　军　赵　娜　周曼曼　樊　霞　郝忠礼　秦　华
许　久　刘凤岐　袁　方　戴　冰　刘晓霞　周春华
尹晓飞　周岩华

参著人员（按姓氏笔画排序）

王　聪　王西耀　王湘黔　邓百川　冯艳艳　边凯祺
吕宗浩　庄茗雅　刘　杰　刘　聪　刘　毅　刘晓蕾
江移山　杨振宇　肖亦乐　吴　怡　何鑫平　宋国东
张俊楠　陈　婷　陈宝江　陈鲜鑫　武振龙　易世铭
金岭梅　周青录　郑云朵　赵　亚　赵　鹏　钟友刚
高禹顺　高博泉　翟广运　潘春晓

前　言

随着我国社会经济的发展和居民生活水平的提高，人民群众对美好生活的向往日益增长。宠物作为家庭成员、生活伴侣和精神寄托，已经深度融入人们的生活中，成为居民生活的一部分，宠物产业也迎来了蓬勃发展的历史时期。

我国宠物经济起步于20世纪90年代，与欧美百年历史相比，尚属于发展的初级阶段。尤其是占比较大的宠物食品[①]领域，正经历着行业发展的重要历史时期，亟需从全局和战略层面对我国宠物食品行业做一个梳理和归纳，认清当前发展现状、回顾历史、面向未来、发扬优势、补齐短板，为先行者总结经验，为后来者提供参考，为政府决策和规范管理提供科学依据。

因此，我们邀请到了政府主管部门、院校专家学者、宠物行业协会、知名人士、优秀企业家等一起，集各家之所长，围绕宠物食品国内外行业发展现状、宠物食品市场消费洞察及投融资现状、宠物食品进出口形势、法规和标准、行业发展的重要事件以及我国宠物食品行业部分优秀企业介绍等，全方位、多角度展开论述，内容科学、权威，数据详实，本书对推动我国宠物食品行业健康快速发展具有重要的指导意义。

同时，要感谢河北省邢台市南和区人民政府、河北省宠物产业协会、山东省临沂市沂南县人民政府、沂南县工业和信息化局、全国饲料工业标准化技术委员会宠物饲料分技术委员会、中国畜牧业协会宠物产业分会、中国饲料工业协会宠物饲料（食品）分会、

① 《宠物饲料管理办法》中指出，宠物饲料也称宠物食品，本书统称宠物食品。

温州市宠物行业食品股份有限公司、乖宝宠物食品集团股份有限公司、上海比瑞吉宠物用品有限公司、天津朗诺宠物食品有限公司、安贝（北京）宠物食品有限公司、鑫岸生物科技（深圳）有限公司、北京华思联认证中心、北京派读科技有限公司、天风证券股份有限公司、宠业家、IT桔子等提供的数据、信息、资料及付出的辛勤劳动。

著 者

2022年5月

目　录

第一章

我国及欧美宠物食品行业发展概况

第一节　我国宠物食品行业发展概况

随着经济社会的发展，2020年我国经济总量首次超过100万亿元人民币，人均GDP也跨越1万美元大关，在人民群众物质需求不断得到满足的同时，情感消费需求和对美好生活的向往也在不断增加，这为宠物经济的蓬勃发展奠定了坚实基础。宠物作为家庭成员、生活伴侣和精神寄托，已经成为越来越多人生活的一部分，宠物的消费市场也随之展现出巨大的活力，我国宠物产业迎来了蓬勃发展的历史机遇期。

“养宠”不仅是城镇居民的生活时尚，也已成为新时代乡村振兴、产业兴旺的新兴涉农产业，在促进城乡就业、提高农民收入方面发挥着越来越重要的作用。宠物产业为大众创业、万众创新、供给侧结构改革和一二三产业融合发展提供了新的动能，也为促进内外两个循环经济发展发挥了重要的作用。

宠物经济的快速崛起，吸引了社会各界的广泛关注，宠物类目不但是资本市场关注的焦点，也成了各地方政府招商引资的新亮点；高校与科研院所开始为宠物产业的发展提供科技支撑；行业主管部门也在不断加强制度建设，为保障宠物行业的有序发展发挥了重要的作用。

相信在不久的将来，随着我国经济的进一步崛起，代表民族优秀品牌的一大批宠物企业将迅速崛起，预计未来10年，宠物行业会继续高速发展，宠物经济规模将超过万亿元，成为世界最大的宠物市场。

一、我国宠物食品行业发展概况

随着宠物产业的快速发展，养宠规模也在不断地扩大。据不完全统计，2021年我国宠物犬、猫数量约1.4亿只，其中宠物犬约6 700万只、宠物猫约7 400万只，宠物猫的饲养量和增长率都已经超过了宠物犬，且继续保持着高速增长。宠物经济涵盖宠物医疗、宠物食品、宠物用品、宠物服务等从生到死的全产业链。据了解，2021年我国宠物经济总量超过2 400亿元，其中占比最大的宠物食品规模接近900亿元。民以食为天，宠物亦然，宠物食品作为养宠的“刚需”，在我国宠物行业消费中占比40%以上。中国已经成为继美国、欧洲之后，世界第三大宠物市场。

世界上最早的宠物食品诞生于1860年，由一位在英国跑电器销售的美国小伙子James Spratt发明。当时在轮船上他的饼干被小狗吃掉了，因此突发灵感，用面粉、蔬菜和肉，加上水搅拌在一起给狗制作了饼干，从而世界上第一款专门针对狗的宠物食品诞生了。最早的犬粮和随后发明的猫粮一样，属于烘焙类的宠物饼干。到1957年，由普瑞纳公司率先推出的经膨化工艺制造的宠物干粮食品诞生，并应用至今。

我国宠物食品行业从20世纪90年代起，经历了30年的发展历程，呈现的是一部海外品牌深耕中国市场，国产品牌快速追赶的蓬勃发展史，可分为四个发展阶段。

第一阶段为启蒙阶段，以美国玛氏食品（中国）有限公司1995年在北京怀柔投资建立国内首家宠物食品工厂为标志，该公司从1993年宝路犬粮、伟嘉猫粮进入中国市场之初，就开始培养中国人给犬猫喂宠物食品的习惯，这种引导式的消费者教育一直延续到今天。

第二阶段民族品牌的初创期（1999—2005年），20世纪90年代末21世纪初，具有代表性的一批企业有安贝（北京）宠物食品有限公司（1999

年）、成都好主人宠物食品有限公司（2000年）、烟台中宠食品股份有限公司（2002年）、河北荣喜宠物食品有限公司（2002年）、上海诺瑞宠物用品有限公司（2002年）、天津金康宝动物医药保健品有限公司（2002年）等，他们是中国民族宠物食品行业的开拓者。

随着宠物经济的快速发展，宠物食品行业迎来了第三阶段孕育发展期（2005—2015年），出现了上海福贝宠物用品股份有限公司（2005年）、乖宝宠物食品集团股份有限公司（2006年）、上海耐威克宠物用品有限公司（2007年）、佛山市雷米高动物营养保健科技有限公司（2008年）、上海依蕴宠物用品有限公司（2009年）、华兴宠物食品有限公司（2009年）、山东帅克宠物用品有限公司（2012年）等一大批代表民族品牌的宠物食品企业；同期皇誉宠物食品（上海）有限公司（2006年）、天津雀巢普瑞纳宠物食品有限公司（2006年）、嘉吉投资（中国）有限公司（2010年）、泰国正大集团（2012年）作为外资也分别在国内设立宠物食品工厂。

2016—2021年，我国宠物食品开启了资本化进程，随着2017年7月和8月佩蒂动物营养科技股份有限公司、烟台中宠食品股份有限公司先后在深圳证券交易所上市，拉开了宠物食品行业高速增长期的序幕（第四阶段）。这时的行业格局发生改变，随着全国各地工厂的增多，宠物犬猫粮的产能开始过剩。同时，伴随着国产品牌的崛起以及网络和线下实体营销方式的改变，大量初创企业开始加入，出现了大众创业的繁荣景象。宠物食品工厂代工和品牌营销开始分化，以上海福贝宠物用品有限公司、山东帅克宠物用品有限公司等为代表的企业开始了专业化代工的发展道路，同时一大批以热衷于品牌打造和互联网营销为主的新生代力量开始涌现；与此同时，国际巨头也纷纷跟进，2020年玛氏食品（中国）有限公司在天津开始新建该公司亚太地区最大的宠物食品工厂；天津雀巢普瑞纳宠物食品有限公司也在2020年和2021年先后增资10亿元用于高端宠物食品布局。除此之外，一些国外品牌也开始大举进入中国，渴望、爱肯拿等品牌占据了国内高端宠物食品市场份额。虽然2020年新冠肺炎疫情暂缓了国外品牌的进入步伐，但是国外宠物食品在农业农村部登记注册数量出现井喷式增长，据农业农村部数据显示，仅2021年就有超过1 300个国外宠物（饲料）食品获得了进口登记许可证。在国外品牌大举进入国内市场的同时，民族品牌也在加速海外布局，从最初的为国外贴牌代工发展到今天的品牌输出和收购海外品牌战略布局，我国宠物食品开启了国际化的进程。2018年烟台中宠食品股份有限公司收购新西兰品牌真致（ZEAL），2017年乖宝宠物食品集团股份有限公司在泰国筹建新工厂，集团获美国公司投资，并获新西兰品牌巅峰和K9在中国独家代理权。新希望集团联合厚生投资等投资者于2017年用50亿元收购了澳洲真诚爱宠公司（Real Pet Food Company），正式宣布进入宠物食品行业。

进入2022年，宠物食品来到了新时代的历史发展机遇期，宠物食品行业资本化运营将加剧行业变革。2022年3月11日山东路斯股份（832419）在北京证券交易所上市，是继烟台中宠食品股份有限公司、温州佩蒂动物用品有限公司、青岛天地荟宠物食品有限公司、江西华亭宠物食品有限公司之后的国内第5家宠物食品上市企业，紧随其后的山东乖宝宠物食品集团股份有限公司、上海福贝宠物用品有限公司等企业也都启动了IPO程序，国内宠物食品企业上市浪潮即将开启。随着民族品牌的崛起和宠物消费主题人群的改变，一大批代表新国货、国潮的产品涌现，国内宠物食品在充分占据了中低端市场之后，以冻干粮、烘焙粮为代表的新国货向高端市场拓展，开始关注宠物健康和民族国潮品牌。未来随着国货品质提升、宠物主人对国产品牌的开放态度、养宠理性化以及下沉市场发展，国产品牌将迎来更多的发展机会。

随着资本的进入和国外高质量品牌的涌入，激发了国内市场的有序竞争，促进了国产品牌的茁壮成长。国货的高性价比、商品品质能满足宠物主人需求，会获得越来越多理性养宠人的选择，国人支持国货的心理也助力了国货的崛起。此外，市场下沉趋势给国产品牌带来了更多增长空间，进口品牌受有效期和供货稳定性双重限制，也给了国产品牌更多的发展机会。

“一方面，国内宠物用品行业仍然处于刚起步的阶段，数量多、规模小，技术壁垒不高，同时也缺失很多重要的行业标准、法规和监管措施。另一方面，由于宠物行业火热，吸引了很多资本、新品牌入局。两者叠加，带来了非常严重的产品同质化，企业不得不陷入价格战。”有业内人士坦言，行业应该降降温，“大家静下心来打磨产品，为消费者提供创新性的好产品，才是长久之策。”

由于“宠物经济”的火爆，不仅带动了养宠人群的增加，更使得入局宠物行业的企业数量暴增。根据亚宠研究院对工商注册信息的统计，截至2021年7月7日，在最近一年内的新注册成立公司中，经营范围包含“宠物”的公司数量超过60万家，总数超过了过去历年的存量。而过去一年内，注销、吊销的宠物公司数量占比仅3%。全国宠物企业的地域分布，主要集中在福建省、广东省、浙江省、山东省4个省份，占据全国50%以上的数量。其中，福建省在近一年内新增宠物企业数量是原存量的11倍，从上一年的第10位跃居全国首位，新注册宠物相关公司主要来自龙岩市新罗区和宁德市霞浦县。

随着宠物行业的快速发展，各地政府开始关注宠物产业，纷纷建立宠物产业园区、开发区、小镇等，出台了一系列的招商政策以加大宠物产业的支持力度。比较典型的有河北省南和区打造中国宠物食品之乡、上海市奉贤区打造宠物产业聚集区、山东省聊城市开发宠物园区、山东省沂南县建设宠物食品园区、浙江省平阳县建立宠物小镇、安徽省芜湖市繁昌区建设长三角宠物园区、河南省漯河市建设宠物园区。各大上市企业如新希望集团、通威集团、海大集团、温氏集团、伊利集团、汤臣倍健集团、海正集团等都纷纷开展宠物板块业务。

我国宠物行业集中度不高，以市场份额最大、集中度最高的宠物食品赛道为例，2020年我国宠物食品行业CR10（前10位所占市场份额）为30.5%，与日本（67.0%）、韩国（62.3%）、美国（76.4%）等国家相比市场集中度低（图1-1）。说明我国的宠物食品行业集中度远低于发达国家，尚未形成寡头或多头垄断的格局。在众多资本的介入、跨界玩家入局之下的宠物行业，还会有一段时间的历史窗口期。

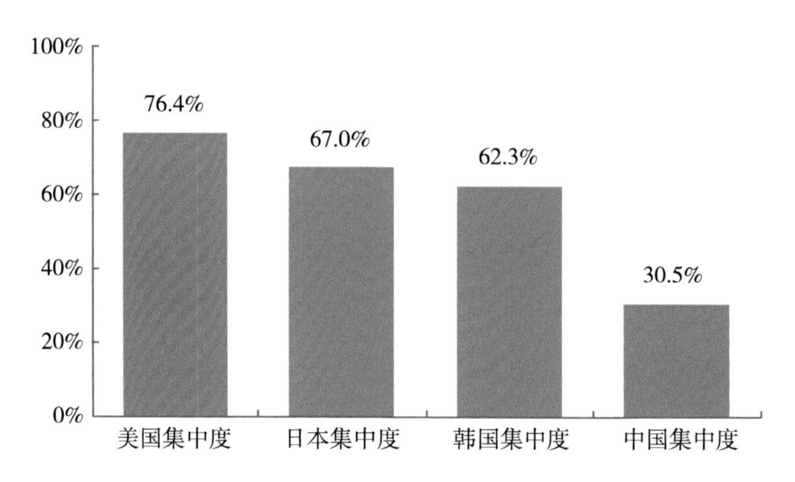

图 1-1　2020 年各国宠物食品行业 CR10 市场份额

注：通常而言，CR10 低于 20% 的市场为高度分散市场，CR10 高于 80% 的市场为高度垄断市场，值越高则行业集中度越高。

二、2017—2022 年我国宠物食品行业部分大事记

2017年12月新希望集团关联厚生资本参与收购澳洲真诚爱宠公司，交易额达到10亿澳币（折合50亿元人民币）。

2017年10月，法国英维沃集团（Neovia）入资天津金康宝动物医药保健品有限公司，组建"英维沃珍宝（天津）宠物用品有限公司"，股比6∶4，开启了外资企业进入中国宠物食品市场的新模式。

2017年7月，"E宠商城"对外宣布已经获得5 000万美元B轮投资，IDG资本领投。

2018年4月，农业农村部正式颁布《宠物饲料管理办法》，标志着国家开始规范化管理宠物食品行业。

2018年5月，温州佩蒂动物用品有限公司1亿元收购新西兰宠物食品公司丰盈湾实业公司（BOP）100%股份。

2018年6月，烟台中宠食品股份有限公司收购新西兰宠物食品公司真致100%股权。

2018年10月，广东海大集团股份有限公司投资1.2亿元，山东威海新工厂正式开工投产，一期产能达到27 000吨，标志着传统饲料企业巨头加速进军宠物食品行业。

2018年12月，华兴宠物食品有限公司全年生产12万吨，产值突破10亿元，正式签约演员陈建斌为品牌代言人。

2019年1月，国家标准化管理委员会文件《团体标准管理规定》出台。

2019年1月，玛氏食品（中国）有限公司预计投资1亿美元的天津新工厂签约。

2019年3月，上海市消费者权益保护委员会曝光犬猫粮霉菌毒素和细菌总数检测结果。

2019年5月，徐州苏宠宠物用品有限公司（疯狂小狗）从复星资本融资3亿元人民币。

2019年7月，烟台中宠食品股份有限公司拟受让上海福贝宠物用品股份有限公司51%股份；7月30日宣布终止。

2019年8月，中国出入境检验检疫协会宠物工作委员会在京成立。

2019年9月，深圳海洋之星宠物食品有限公司广州佛山计划建工厂。

2019年12月，瑞派宠物医院管理股份有限公司宣布与玛氏食品（中国）有限公司完成C轮融资。

2019年开始，冻干粮成为市场热点。

2020年1月，河北省宠物产业协会成立。

2020年5月，中国农业科学院饲料研究所率先成立宠物营养与食品科学创新团队。

2020年7月，福建省宠物行业协会和福建省宠物行业服务协会先后成立。

2020年9月，河北农业大学动物科技学院招收宠物营养方向本科生。

2020年10月，华南农业大学动物科技学院成立宠物营养工程中心。

2020年10月，农业农村部行业标准《挤压膨化宠物饲料生产质量控制与评价技术规范》获得批准立项。

2020年10月，北京市饲料工业协会宠物食品与健康分会成立。

2021年3月，中国农业大学动物科技学院成立伴侣动物营养系。

2021年5月，中关村中兽医药产业技术创新战略联盟成立宠物专业委员会。

2021年6月，由中国农业科学院饲料研究所联合农业农村部信息中心、中国农业科学院农业信息研究所联合打造的“中国宠物产业南和指数”正式上线。

2021年10月，中国畜牧业协会成立宠物产业分会。

2021年10月，中国饲料工业协会宠物饲料分会成立（延期至2022年5月12日成立）。

2021年12月，科技部饲料产业技术创新联盟宠物营养与健康专业委员会成立。

2022年2月，德之馨（上海）有限公司（Symrise，戴安娜宠物食品的母公司）100%收购翼邦宠物食品公司正式签约。

2022年3月，国家标准化技术委员会批准成立全国饲料工业标准化委员会宠物饲料分技术委员会，秘书处设在中国农业科学院饲料研究所。

2022年3月，嘉吉投资（中国）有限公司宣布在浙江嘉兴市建设中国第二家宠物食品工厂。

2022年3月，山东路斯股份正式在北京交易证券所上市，被视为北京交易证券所“宠物食品第一股”。

2022年4月，全国饲料工业标准化技术委员会宠物饲料分技术委员会开始启动宠物饲料国家标准、行业标准的征集工作。

2022年4月，某品牌问题猫粮事件，引起了行业对宠物食品安全的广泛关注。

2022年5月，温州源飞宠物玩具制品有限公司通过证监会IPO审议会议。

第二节　欧美宠物食品行业发展概况

宠物产业在发达国家已有百余年的历史，是相对较成熟的市场，已经形成了覆盖宠物生命周期的完整产业链，大体可以分为上游的活体饲养与交易、宠物食品及用品，下游的宠物医疗、宠物美容及宠物培训等。据全球市场洞察（Global Market Insights，GMI）统计数据显示，在全球范围内，宠物护理市场规模已经从2020年的2 160亿美元增长到2021年的2 320亿美元，复合年增长率达到6.1%。预计到2027年，这一数据将跃升至3 500亿美元。

一、美国宠物食品行业发展现状

作为全球第一大的宠物消费市场，美国家庭的宠物拥有率高达70%，即约9 050万个家庭拥有宠物。据美国宠物产品协会（American Pet Products Association，APPA）统计数据显示，美国有4 530万个家庭拥有猫，6 900万个家庭拥有犬，美国宠物食品产业开始进入平稳增长期，2020年美国消费者在宠物上的支出为1 036亿美元，比2019年971亿美元同比增长6.7%，首次超过1 000亿美元。2010—2020年的10年间，美国宠物行业的市场规模从483.5亿美元增长至1 036亿美元，复合增长率达7.92%。从各细分市场来看，宠物食品一直是美国宠物行业消费的第一大销售额来源，2020年支出420亿美元，占整个宠物行业销售额的40.5%（表1-1）。

表1-1　2020年美国宠物行业市场规模　（单位：亿美元）

细分市场	2020年	2019年	美元浮动	百分比浮动
宠物食品和零食	420	383	37	97%
用品、活体和非处方药	221	192	29	151%
兽医护理和产品销售	314	293	21	72%
其他服务	81	103	22	214%
总计	1 036	971	—	—

资料来源：美国宠物产品协会（American Pet Products Association，APPA）。

据欧睿国际数据显示，美国2020年宠物食品猫粮销售额为107亿美元，年增长9.0%；犬粮为265亿美元，年增长7.9%；其他宠物食品为10亿美元，年增长4.9%（表1-2）。

表1-2　2020美国年宠物食品销售额　（单位：亿美元）

种类	2020年销售额	增长率（2019—2020年）
猫粮	107	9.0%
犬粮	265	7.9%
其他宠物食品	10	4.9%

芝加哥市场调查公司IRI的数据显示，在干（膨化）宠物食品的停滞增长中可以看出，2020年8月至2021年8月，干犬粮的销售量下降了3.5%，干猫粮甚至保持了0.1%的增长。这与同一时间段内湿犬粮和湿猫粮的增长率分别为10.8%和6.0%形成对比。虽然处方粮的市场份额较小，但其增长速度超过了湿宠物食品的增长速度。冻干犬粮增长29.0%，冻干猫粮增长14.5%。

另据尼尔森公司（NielsenIQ）统计，2021年的美国宠物食品销售额总计为418亿美元，较2020年增长了13%。2021年，10%的宠物食品从线下销售转向了线上销售。2021年美国宠物店和在线宠物护理支出都超过了所有其他商店类别，所有渠道的销售额都超过了664亿美元。与2020年相比，宠物店内销售额增长了9.8%，而线上销售额增长了26.4%。宠物领域的线上销售增长只有同期婴儿护理销售额（增长21.4%）和人类食品销售额（增长23.1%）才能媲美。2021年，大多数产品类别的线下和线上的销售额都有所增长，包括干犬粮、干猫粮、湿犬粮、湿猫粮。

芝加哥市场调查公司IRI的数据显示，宠物食品行业的快速发展让生产商和投资者都在关注宠物食品的未来。玛氏食品（中国）有限公司，天津雀巢普瑞纳宠物食品有限公司，西蒙斯宠物食品有限公司等已宣布进行大规模资本投资计划。包括建立全新的工厂和对现有厂房设备的扩建——总投资额至少为13亿美元，预计将在美国创造1 269个就业岗位。

与其他行业一样，绿色环保可持续性仍然是创新的驱动力。在宠物食品行业，可持续性推动了成分、包装和制造实践的创新。在宠物食品原料方面，可持续性体现在环境友好型的原料、循环农业和多年生作物中。芒草、昆虫蛋白和酵母蛋白等成分也被引入宠物食品和零食配方中。一些知名品牌正在推出绿色可持续性的新产品。新鲜宠物公司推出了以植物性蛋白质、无笼养殖鸡蛋、水果和蔬菜为特色的首个100%素食犬粮。美国卡比宠物食品有限公司创建了一个环保宠物食品系列Canidae Sustain™，该产品是采用循环农业方法种植的原料配制而成的，而且产品包装是由40%的回收材料制成。

此外，昆虫蛋白质和其他非传统来源的蛋白质在宠物食品上也取得了成功。玛氏食品（中国）有限公司在英国提供一种原料100%来源于昆虫的猫粮配方，名为“爱上虫”。美国饲料管理协会（AAFCO）在2021年8月投票临时批准在成年犬粮中使用干燥的黑水虻。

二、欧洲宠物食品行业发展现状

目前，欧洲宠物市场规模呈现稳定增长趋势，宠物产品销售额逐年扩大。根据欧洲宠物食品工业联合会（FEDIAF）数据，2020年欧洲宠物市场消费总额达430亿欧元（约折合3 100亿元人民币），相较于2019年407亿欧元增长了5.65%；其中，2020年宠物食品销售850万吨，销售额218亿欧元，占比51%，比2019年增长2.8%，宠物用品销售额92亿欧元，宠物服务销售额120亿欧元，相较于2019年均有所增长。

从FEDIAF发布的2020年度报告中可以看出，欧洲的宠物经济呈现养猫家庭多于养犬家庭的趋势。全欧洲大约有1.1亿只猫，9 000万只犬，5 200万只鸟，3 000万只小型哺乳动物，1 500万只水族动物和900万只爬行动物。2020年欧洲约有8 800万家庭拥有宠物，养宠家庭比例为38%，相比2019年8 500万增长率为3.41%。全欧洲共有150家宠物食品生产公司和200家生产工厂，直接雇用了大约10万人；有90万人从事宠物行业，包括供应商、兽医、宠物店工作人员、繁育者、贸易展览工作人员、媒体人员以及动物福利和运输人员。

第二章

宠物食品行业发展现状

第一节　宠物食品发展现状

一、全国发展现状

根据中国饲料工业协会统计结果显示，2021年全国具有生产资质的宠物食品（犬猫粮）生产厂家超过200家，2021年宠物食品（犬猫粮）全国总产量112.98万吨，较2020年（96.34万吨）增长了17.3%，持续保持两位数的增长率（图2-1）。

全国共有23个省份生产宠物食品，但是呈现出明显的区域差异。从各省情况来看，河北省依然是全国宠物食品的生产大省，2021年产量达到42.98万吨，相比2020年增长3.6%，河北省宠物食品产量主要来自邢台市南和区，2021年全区犬猫粮产量达到40万吨。

排在第二位的是山东省，2021年全省总产量26.8万吨，产值31.7亿元，相比2020年增长59.3%，增长速度明显高于全国平均23%的增速，其中增速较快的是临沂市和青岛市。据了解，临沂市12个县区现有宠物食品企业18家，2021年全市宠物食品总产量8万吨，产值7.6亿元，比2020年增长了207%，增长速度居全省第一。青岛市全市宠物饲料企业达到19家，同比增加5家，截至2021年5月底，总产量5 974吨，营业收入1.86亿元，总产值达1.91亿元，同比分别增长127%、232%和228%。

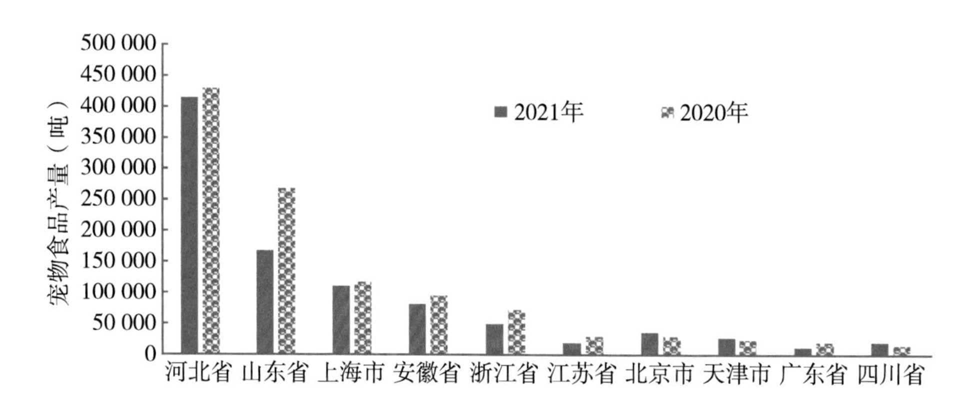

图 2-1 2020—2021 年我国部分省份宠物食品产量

（数据来源：中国饲料工业协会）

上海市也是宠物食品主产区，产量全国排名第三，2021年全市宠物食品总产量11.78万吨，比2020年（11.16万吨）增长5.6%，增速放缓。安徽省和浙江省作为宠物食品生产的后起之秀，2021年产量分别是9.55万吨和7.31万吨，增速为16.4%和44.7%，按照浙江省的增速，预计未来几年，浙江省的宠物食品产量从目前的全国第五名，将超过安徽省成为全国排名第四。从增速来看，2021年全国产量增速最快的省份是江西省，达到了152.4%，其次是湖南省和河南省，分别是139.1%和83.1%；广东省、福建省和江苏省增长率也都超过了50%，分别为63.3%、62.6%和50.8%。

京津地区曾经是宠物食品的主产地，但是北京市由于产业结构调整和环保等压力，很多生产制造型工厂搬迁到天津市、河北省、山东省一带，预计3～5年内北京地区将不再有宠物犬猫粮的工厂存在。产量出现负增长的省份有重庆市、黑龙江省、甘肃省、四川省、北京市和天津市，产量分别降低了98.2%、85.7%、64.8%、24.8%、17.8%和11.5%。

根据中国农业科学院饲料研究所调研结果显示，2021年我国宠物食品（含主粮、零食等）生产企业20强中，烟台中宠食品股份有限公司作为上市企业，营收位居首位，乖宝宠物食品集团股份有限公司紧随其后，代表国外品牌的皇誉宠物食品（上海）有限公司、玛氏食品（中国）有限公司和天津雀巢普瑞纳宠物食品有限公司分别位列第三、第五和第六位，前20家企业营收总额达到180亿元，总市值360亿～400亿元，占宠物食品总产值707亿的50.9%～56.6%。在资本的推动下，头部企业都在发力布局宠物食品市场，未来5年，预计前20家企业会占据整个市场份额的70%左右。

据中国农业科学院饲料研究所宠物营养课题组调查结果显示，我国宠物食品犬猫粮行业从2014年开始进入快速增长阶段，每年保持两位数的增长速度。到2021年，宠物食品犬猫粮市场规模达到707亿元，增速从最初的40%下降到2021年的10.3%（图2-2）。随着产业规模的增长，产能出现区域性过剩的现象，为了优化产业结构，延伸产业链，淘汰落后产能，避免无序竞争，河北省邢台市南和区政府开始干预和引导宠物产业发展，在限制宠物食品生产工厂数量的同时，大力扶持宠物食品原料、宠物用品、宠物医疗、宠物繁育等全产业链延伸发展。

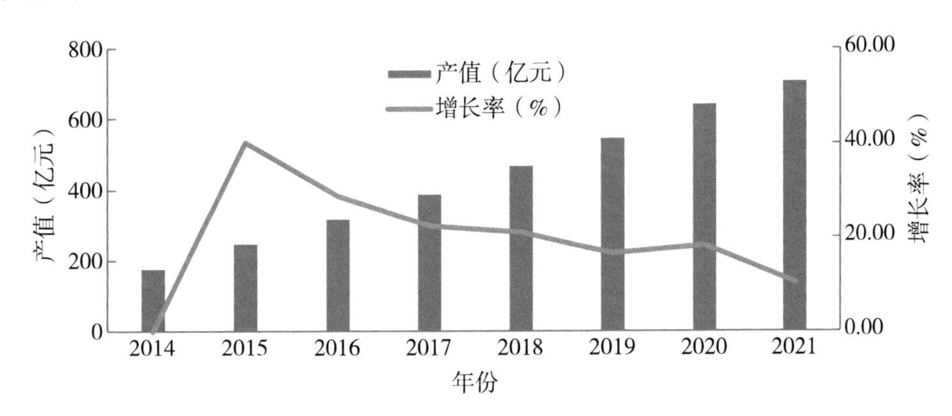

图 2-2　2014—2021 年我国宠物食品行业市场规模

二、我国宠物食品（犬猫粮）行业发展存在的问题

1. 标准不足、科研匮乏

目前我国宠物食品标准（国标和行标）只有8项，包括5项现行标准和3项在研标准，添加剂预混合饲料（保健品）和零食类其他宠物食品（咬胶除外）的标准尚属空白。2022年3月国家标准化委员会批复成立全国饲料工业标准化技术委员会宠物饲料分技术委员会，宠物食品国家标准、行业标准的制修订工作被提上日程，随着一批宠物食品标准的建立，将彻底改变我国宠物食品标准不足的现状，为提升宠物食品标准化进程、保障宠物食品质量

安全、推动行业健康有序发展具有重要的意义。

由于宠物经济在我国属于新兴产业，对于产业发展的创新引领和支撑仍存在诸多问题，一是宠物营养与食品方面系统性、基础性的学科体系尚未完善；二是宠物相关研究的基础较为薄弱且力量分散，尚未建立起与宠物全产业链相配套的创新链，缺乏引领产业发展需要的相关基础性研究、共性关键技术研究和技术集成开发与应用研究等多个层面的系统化设计；三是行业自身从业人员素质偏低，自主知识产权和自主创新能力较弱，缺乏支撑创新链运行的必要人才、设施、平台等创新支撑体系，产业发展领先于政策法规和科技规划。

2. 宠物食品民族品牌市场份额大，但经济效益低、同质化严重

我国犬猫粮在产量上具有相当的规模，但是产值和利润相对低于国外品牌。虽然一部分企业已经走出了原始积累的初创阶段，开始向高端市场发展，但是由于行业人才短缺、科技含量不高且信息闭塞，行业存在着经验壁垒，新进入的企业仍处于0到1的摸索阶段，在产品定位、配方、工艺、质量控制、法规执行、市场营销等各层面远落后于头部企业，需要时间和实践的积淀。国产粮在高端市场没有品牌支撑难以立足，被贴上“中、低端粮”的“标签”，一部分消费者对“国产粮”有偏见，产生信任危机，也制约了行业的发展。一些地区和企业盲目投资造成的产能过剩更加剧了行业的无序竞争。另外，产品质量问题频出也是行业发展的硬伤。2019年3月15日，上海市消费者权益保护委员会发布的几款犬粮中玉米赤霉烯酮含量和细菌总数检测结果，引起了轩然大波，被称为“毒犬粮”事件；2022年4月某品牌猫粮中毒事件，给国产粮造成了很大的负面影响，损害了宠物食品行业的品牌形象，也给民族宠物食品行业的健康发展涂上了阴影。

我国宠物食品行业仍然处于刚起步的阶段，企业数量多、规模小，技术壁垒不高，同时也缺失很多重要的行业标准和监管措施。另外，宠物行业的火热发展也吸引了很多资本和初创新品牌入局。两者叠加，带来了非常严重的产品同质化问题，企业陷入价格战。因此有业内人士呼吁，行业应该回归理性，避免一哄而上，企业应该静下心来打磨产品，多抓产品质量，多投

入新品研发，少搞营销噱头，为消费者提供真正质量合格的好产品，才是长久生存之策。

三、我国宠物食品行业发展潜力

我国宠物产业仍处于发展初期，在不断摸索中前进，行业从野蛮生长到规范化过程中出现问题不可避免。但也要看到，政府和行业主管部门不断加强制度建设，2018年农业农村部《宠物饲料管理办法》的出台，有力地保障了行业的规范化发展；资本的渗透也加速了企业的人才高端化、产品国际化进程；以中国农业科学院饲料研究所为代表的越来越多的科研机构的加入，将为宠物产业健康发展提供有力的科技支撑。

随着国产品牌的崛起和宠物消费主体人群的改变，一大批代表新国货、国潮的产品涌现，宠物健康和国产品牌受到年青一代养宠人的关注，他们对国产品牌持开放态度。国内宠物食品在充分占据了中低端市场之后，以冻干粮为代表的新国货将向高端市场拓展，未来随着国产品牌品质的提升和科学养宠的普及，国产宠物食品将迎来更多的发展机会。

预计未来10年，我国宠物产业将继续保持高速发展态势，代表国产品牌的一大批优秀宠物企业将迅速崛起，宠物经济总规模将超过万亿元，成为世界最大的宠物市场！

第二节　宠物零食发展现状

一、国内宠物零食现状

作为宠物食品的重要品类——宠物零食，近年来的发展速度也不容小觑。犬猫零食一般分为烘干类（肉干、肉条等）、冻干类、湿粮类、咬胶洁齿类、饼干类等。但国内宠物零食产业从研发生产、市场运作、品牌运营到消费端的发展情况并不平衡。

从生产端来看，国内宠物零食的发展诞生于30年前，以浙江佩蒂动物营养科技股份有限公司、源飞宠物玩具制品股份有限公司等为代表的狗咬胶加工企业凭借资源优势率先起步，为海外品牌开启代工业务。20世纪90年代至21世纪初，以山东烟台中宠食品股份有限公司、乖宝宠物食品集团股份有限公司、山东路斯宠物食品股份有限公司等为代表的企业开始为海外品牌代工生产烘干肉类零食，如肉干、肉条和动植物混合类等。随着海外市场需求的增长，凭借国内原材料、劳动力等资源和成本优势，国内宠物零食代工企业蓬勃发展，代工品种也扩展到烘干类、咬胶类、冻干类、罐头类、洁齿骨类和猫条等创新品类。到2021年，这些代工企业在全国已发展到500余家，分布在浙江省、山东省、江苏省、天津市、辽宁省、广东省等省份，宠物零食贸易企业也发展到200余家，为全球100余个国家和地区供货。零食品类的研发和生产管理能力快速提升，以诞生于2006年的乖宝宠物食品集团股份有限公司为例，在与欧美日韩等全球30多个国家的知名宠物食品企业的紧密合作中，建立了国际先进的技术和研发中心，组建了优秀的研发团队，积累了丰富的研发、生产、品控、管理经验和能力，取得了国际上普遍认可的BRCGS认证、FSSC 22000认证和IFS注册证等多项食品安全体系认证，通过了美国食品药品监督管理局（FDA）、加拿大食品检验署（CFIA）和日本农林水产省（MAFF）的现场检查和认证注册。烟台中宠食品股份有限公司、乖宝宠物食品集团股份有限公司和佩蒂动物营养科技股份有限公司等国内宠物零食头部企业先后在欧美和东南亚地区新建或并购零食企业，供应链能力持续提升。

从品牌运营来看，中国零食企业普遍落后于其强大的供应链能力，中国零食品牌在海外市场乏善可陈，几乎还没有起步。但近10年以来在国内市场与海外品牌的竞争中不乏亮点。据北京派读科技有限公司统计，中国品牌在国内市场已处于优势地位，犬零食和猫零食TOP20品牌中，中国品牌均占到12个，海外品牌均为8个，其中乖宝宠物食品集团股份有限公司推出的自主品牌“麦富迪”犬零食和猫零食品牌使用率分别高达35.2%和20.9%，已连续五年稳居榜首。从消费端来看，犬零食在犬消费结构中占比为14.1%，市场规模约为201.6亿元；猫零食在猫消费结构中占比为13.7%，即猫零食市场规模约为145.2亿元。2020年和2021年，宠物犬零食的消费渗透率分别是81.8%和81.3%，宠物猫零食的消费渗透率均为82.2%，说明宠物零食已经成为养宠人士不可或缺的选择。

二、国外宠物零食发展情况

近年来，各国居民喂养宠物猫、犬的数量显著增多，相较其他行业，全球宠物市场已进入一个高速发展的时期，宠物零食是其中一块较大的“蛋糕”。美国作为世界上最大的宠物市场和我国宠物零食出口的主要目的国，其宠物零食市场具有显著的代表性。美国宠物零食市场的增长率远高于主粮，2020年美国宠物零食市场销售额达79亿美元，而且5年的复合增长率达到6.8%，高于主粮的5年复合增长率3.7%。受疫情影响，近两年来美国宠物零食市场实现了两位数增长。在西欧和日本，2020年宠物零食在宠物食品市场中的占有率分别为18%和20%，宠物零食的增长率均高于主粮。

美国有机构将宠物零食大致分为四个类别：一是休闲零食，指不具备额外功能性作用的常规零食，尽管在疫情笼罩下，休闲零食仍然是最受欢迎的零食类型，有75%的犬主人和80%的猫主人会选择这种零食；二是咬胶，这一类型的零食购买率保持平稳；三是洁齿零食，洁齿零食可提供机械性（研磨性）的牙齿清洁功能，从而改善口腔卫生以及呼吸异味；四是功能性零食，能够提供内在的健康益处，或含有针对特定健康状况设计的额外成分，如用于关节健康的氨基葡萄糖，或用于皮毛健康的ω-脂肪酸。功能性零食可以依附于各种形式的载体，包括传统形式的肉条或饼干，以及较新形式的可舔食胶状物、肉汤、饮品、喷雾等。从2021年美国宠物零食市场来看，占市场份额最大的休闲零食占比36%，其次是咬胶占比32%，功能性零食占比17%，洁齿零食占比15%。由于犬猫生理特性与差异，咬胶绝大部分用于宠物犬，功能性零食中犬零食占74%。猫零食消费主要集中在休闲零食，占比31%，其次是洁齿零食，占比27%。在全球宠物消费中，2020年是一个标志性年份。由于新冠肺炎疫情的发生，零食销售额增长了近20%。事实上，除宠物补充剂、美容设备和用品外，零食类别的增长超过了几乎所有其他主要类别。一是因为新冠肺炎疫情刺激市场增长，疫情导致许多宠物主人离开工作场所居家办公。有调查结果表明，58%的宠物主人认为因为居家时间长，他们给宠物喂食零食的行为更加频繁。二是因为宠物食品所提供的“家庭”亲密时刻，零食在人类与宠物的关系中起着重要作用。宠物主人不仅用零食来鼓励宠物的良好行为（例如出于训练目的），还用零食来表达对宠物的爱意，“零食时间”已经成为宠物主人对宠物表达爱意的一种重要方式。有调查显示，76%的宠物主人会利用宠物零食与宠物建立感情并度过美好时光。三是人性化趋势，随着宠物主人越来越把宠物视为家庭的一部分，他们越来越关注宠物，不断寻求改善宠物生活的方式。这一增长势头有望在后疫情时代持续保持。即使是在平稳发展的欧美宠物市场，一些特殊的零食品类也变得广受欢迎，如天然有机零食、仿人类零食、节日主题零食、可随身携带的零食、超级食品零食、单一成分零食等。越来越庞大的犬猫群体，加上宠物主人对宠物的宠爱，将使全球宠物零食市场保持相对较高的增长势头。

三、未来趋势

与主粮不同，宠物零食并非宠物成长每日必须消费的刚需品。然而，宠物从诞生之初就有着陪伴人类的属性。无论是休闲娱乐，还是专业训练，不管是感情交互，还是解决特定问题，宠物零食的身影可谓是无处不在。作为人与宠物的重要桥梁和媒介，宠物零食承担的角色越来越重要。

宠物零食的宏观趋势在于质量安全管控。谁能提供更透明、更安全、更让消费者放心的宠物零食，谁就拥有了在日益激烈的竞争中脱颖而出的筹码。忽视宠物食品质量和安全，仅关注短期利益、靠花哨包装和宣传的产品，一定会迅速被市场淘汰。

宠物零食也有很多赛道，不同的赛道策略是不一样的。行业普遍认为，猫零食未来拥有很大的发展空间。一方面，猫自身比较挑剔，适口性始终是猫主粮和猫零食需要共同面对的问题；另一方面，猫主人的品牌忠诚度比较高，新品牌很难被接受。因此，猫零食的种类要远少于犬零食，并且诸如口腔问题等常见问题，也容易被市场忽视。另外，功能性零食未来也大有可为。目前市场上的功能性零食基本止步于“已添加某某成分”，但对于某种功能性成分是否有效、添加量多少有效、持续饲喂多久有效等一些基础问题的研究相对匮乏。随着宠物主人越来越精细、科学地饲喂和管理，之前被忽视的一些宠物问题和疾病逐步得到重视，如果功能性零食能够真正解决或缓解一些常见症状，就能在鱼龙混杂的功能性宣传中脱颖而出。

第三节　宠物湿粮发展现状

一、中国宠物湿粮市场发展简介

从市场沿革来看，中国宠物湿粮市场起步较晚，随着整个宠物行业趋于成熟，近年来多样化的零食湿粮及主食级湿粮产品不断涌现，湿粮市场已进入快速发展阶段。

二、2021 年中国犬猫湿粮市场规模

中国猫湿粮市场规模将继续保持快速增长，2021年猫湿粮达85亿元，是犬湿粮的10倍（图2–3），且增速也更快。随着猫主人科学养宠理念增强，亲近互动需求提升，猫湿粮将呈现稳健增长。犬湿粮体量尚小，市场仍在培育阶段；湿粮对于犬主人来说并非必需品，体量及增速均弱于猫湿粮，但随着养宠人群消费意愿提升，后疫情时代经济复苏，犬湿粮有望保持增长。

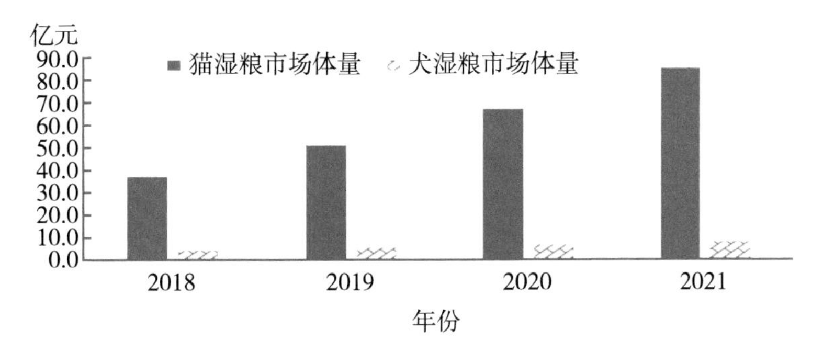

图 2–3　我国 2018—2021 年宠物湿粮市场体量

（数据来源：烟台中宠食品股份有限公司数据分析团队）

三、湿粮渠道与品类发展趋势

（一）湿粮渠道分析

中国犬猫湿粮市场电商渗透率都增长显著，2021年占比都超55%；线下渠道中犬猫湿粮占比最大的都是宠物商店，但增长最快的线下渠道有所不同。电商渠道快速增长，2020年犬猫湿粮电商渠道占比分别增长至58%和56%。犬猫粮电商渠道年复合增速分别为40.9%和31.5%；宠物商店虽然仍是线下主要渠道，但占比分别下降6%和3%；商超渠道猫湿粮仍处于增长，但增速放缓，而犬湿粮体量在下降；犬猫湿粮增速最快的线下渠道有所差别，猫湿粮是宠物医院，而犬湿粮是宠物商店。2021年淘系[①]猫湿粮规模约20亿元，犬湿粮约1.85亿元，其中天猫猫湿粮增速高达45%（图2-4至图2-7）。

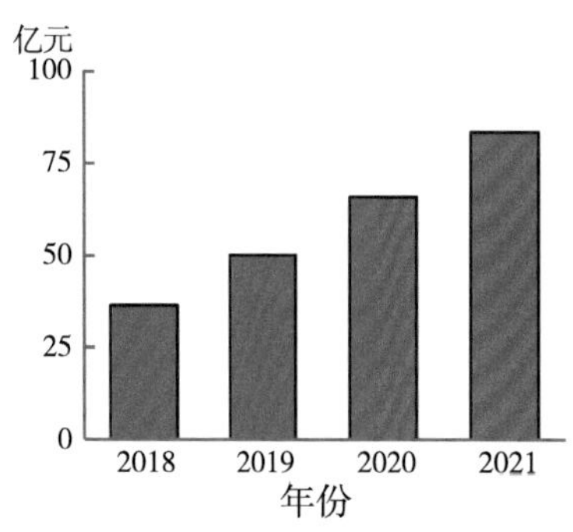

图 2-4　中国猫湿粮市场体量（2018—2021 年）

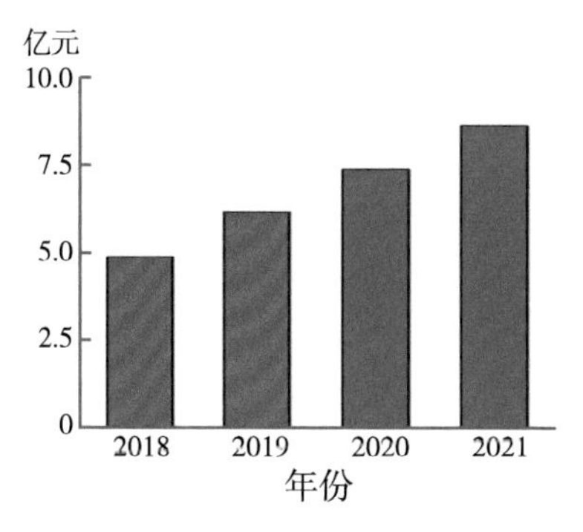

图 2-5　中国犬湿粮市场体量（2018—2021 年）

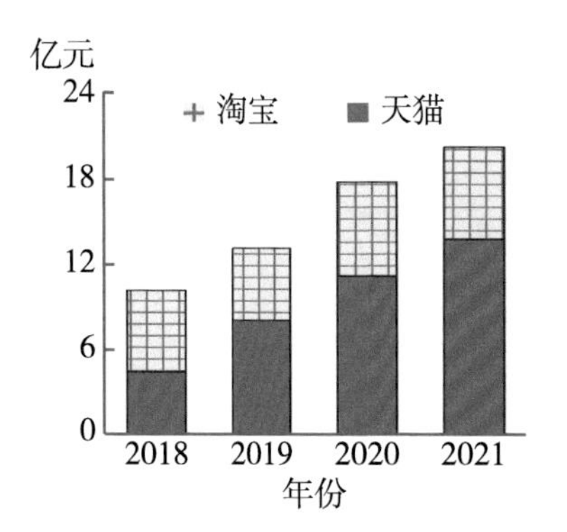

图 2-6　淘系猫湿粮 * 市场规模（2018—2021 年）

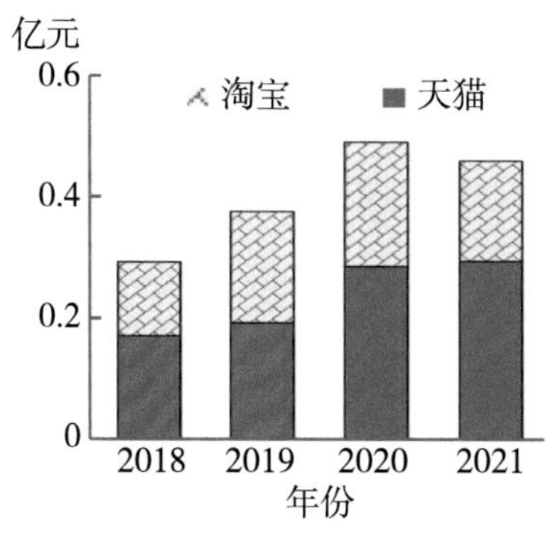

图 2-7　淘系犬湿粮 * 市场规模（2018—2021 年）

注：* 无湿粮专项类目，由“猫 / 犬零食类目 TOP100 宝贝中湿粮产品占比乘以类目体量”估算所得。

---

① 淘系是指阿里巴巴新零售技术核心团队，包括淘宝、天猫等所属平台。

（二）湿粮品类发展趋势

淘系犬猫湿粮都以罐头为主，2021年占比都超过70%；猫湿粮中猫条增长快，年复合增速超过70%，犬湿粮中罐头品类增长快，年复合增速为34.1%（图2-8，图2-9）。

猫零食中猫条品类增长最快，2021年同比增速达28.9%，鲜封包类目2021年体量有所下滑，2021年同比增速为-5.1%，猫零食罐品类增速较慢，2021年增速仅9.8%。犬湿粮2021年有所下滑，随着以主食罐为主的进口品牌涌入市场，罐头品类整体更加平稳。

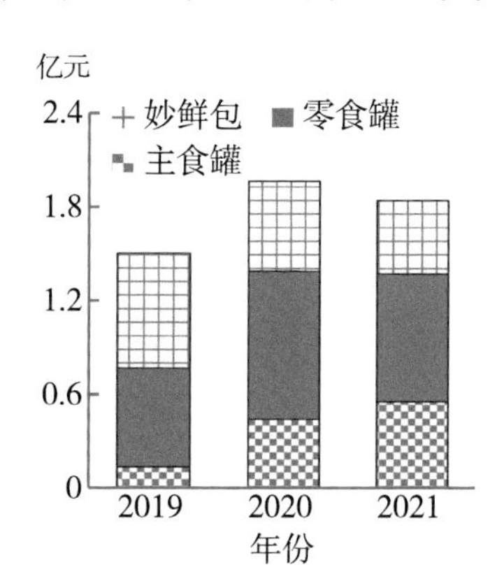

图 2-8　淘系犬湿粮品类占比变化

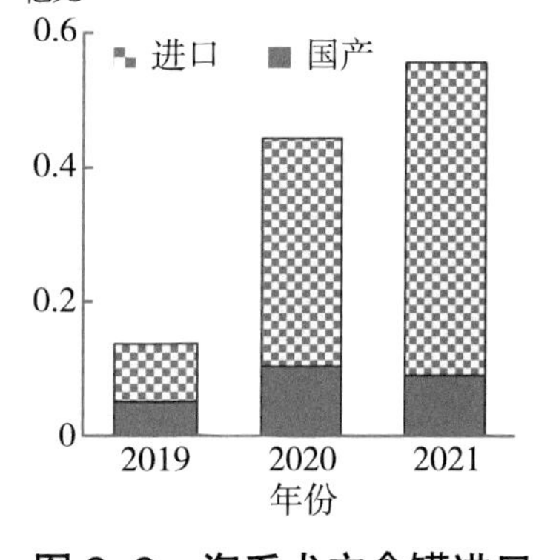

图 2-9　淘系犬主食罐进口/国产占比变化

（数据来源：烟台中宠食品股份有限公司数据分析团队）

第四节　冻干宠物食品发展现状

在竞争日益激烈的宠物食品市场中，宠物食品的升级换代和不断创新成为必然，以天然独特冻干工艺为主的高端粮也开始受到宠物主人的欢迎。

一、国内外冻干宠物食品发展史

（一）国外冻干宠物食品发展情况

相关资料显示，20世纪40年代，真空冷冻干燥技术首先由俄罗斯科学家在实验室进行试验并获得成功，“二战”期间利用真空冷冻干燥技术把血浆脱水，使其轻便且易携带，需要时注入生理盐水，便可把细胞激活。“二战”结束后，真空冷冻干燥技术开始应用于医药、生物等领域。在太空航天食品技术不发达时期，航天员食用的是一种铝制牙膏壳包装的糊状食物，品种形态相对单一。直至20世纪60年代，美国把真空冷冻干燥技术生产的冻干食品作为宇航员的太空食品，航天员饮食才变得多样化。20世纪70年代，随着工业化进程的加快，日本吸收了美国真空冷冻干燥技术的科技成果并对其进行深入研究，使该技术及其设备在食品加工领域的应用取得了进一步的发展。自此，真空冷冻干燥产品及设备全面进入了工业化生产时代，各种大型真空冷冻干燥机相继出现，应用领域包括医药、饮料、食品及农产品加工，并逐渐进入宠物食品市场（图2-10）。2011年，在美国宠物食品售卖店中，冻干宠物食品平均上架种类为8种，相较于天然宠物食品中的无谷物食品（同年平均上架种类为154种），冻干宠物食品占比很少。但到2015年3月，冻干宠物食品的平均上架种类增加到22种（对比于不含谷物的370种）。2014年美国冻干宠物食品市场的年增长率为22.5%，2015年发展到62.7%，其市场总份额达到了1.954亿美元，2016年金额达到2.29亿美元。伴随我国养宠需求增长，宠物食品品类趋于多元化，尤其是超低温加工、高营养保留的冻干宠物食品受到很多宠物主人的追捧。各大宠物食品生产企业，包括我国本土宠物食品企业，加大了冻干宠物食品研发和投产力度，多种多样的冻干宠物食品开始涌入宠物市场。

图 2-10　宠物食品冻干设备

（二）国内冻干宠物食品发展情况

新中国成立之前，我国的冻干技术和设备都依靠进口，国内既没有从事冻干技术研究的科研院所，也没有冻干设计人员和制造工厂。新中国成立之后，我国研发人员开始自主研发或仿制国外中小型冻干机，1975年，华中工学院（华中科技大学前身）和湖北省生物药品厂共同自主研制出37.4平方米的大型冻干机。至1985年，我国已生产大约350台冻干机，但性能和功能仍不能满足市场要求，而且当时的冻干技术和设备主要应用于生物医药（冻干疫苗、菌种、血液制品等）领域，其次应用于人类食品（冻干葱、姜片、肉及调味品等）领域，基本不涉及宠物食品市场。

进入21世纪之后，尤其是近十年，国内冻干设备、冻干工艺发展非常迅速，冻干产品也层出不穷，并迅速拓展到宠物食品领域。很多宠物主人对宠物食品的定义不仅是吃饱，还需要天然营养、安全健康，而全程低温环境下生产，基本不损伤食材本身天然营养的冻干宠物食品刚好能迎合消费者这一需求。冻干宠物食品作为宠物食品的细分产品，在我国宠物食品市场占比不大，但其增长速度快，并且伴随健康营养宠物食品消费升级，其市场需求会被不断强调和释放，冻干宠物食品有望发展成为我国宠物食品增长和创新的主要零售渠道。近两年全球疫情蔓延，但宠物行业发展大方向丝毫不受影响，与市场环境相呼应，越来越多的企业开始重点投入或布局冻干宠物食品领域，研发实力、生产规模与日俱增，新产品层出不穷，在研发端重点发力的品牌或企业有乖宝宠物食品集团股份有限公司、天津朗诺宠物食品有限公司、湖南佩达生物科技有限公司、鑫岸生物科技（深圳）有限公司（溯食粮）等。

二、冻干宠物食品原理

通常可选用纯天然畜禽肉、内脏、鱼虾、果蔬等食材为原料制作冻干宠物食品，新鲜食材在真空和极低环境温度下，水分从固体直接升华转化为气体，中间不需要通过液态转化，冷冻原料彻底干燥（图2-11）。

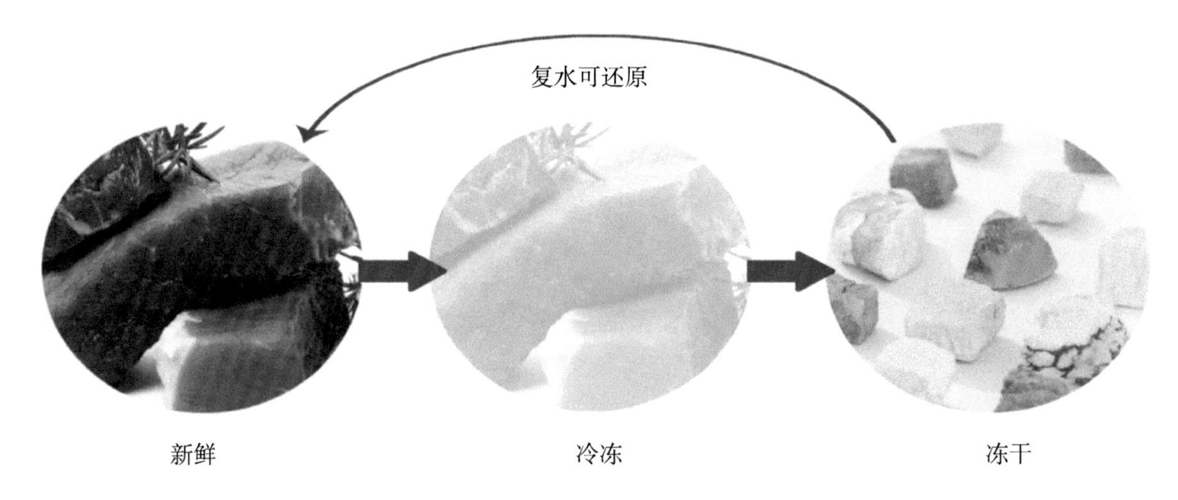

图 2-11　冻干宠物食品生产转化过程

三、冻干宠物食品的定义及特点

1. 真空冷冻干燥定义

将原料冷冻，使其含有的水分变成冰，然后在真空下使冰升华而达到干燥目的的过程称为真空冷冻干燥，简称冻干。冻干是一个物理过程，整个冻干过程都在低温下进行，只抽离食材中的水分，直接升华成气体脱离食材，食材中的营养、色、香、味等均被较好地保留。

2. 冻干宠物食品定义

冻干宠物食品是经真空冷冻干燥技术加工、制作的供宠物食用的产品。冻干后的食材体积保持不变并且疏松多孔，重量极轻，口感酥脆易咀嚼，泡入水中后，还可以恢复新鲜状态。冻干工艺运用在宠物食品上，其营养价值能得到最大限度的保留，颜色、味道、体积质地与食物原料差异不大。

3. 冻干宠物食品特点

（1）高营养

宠物冻干食品是在低温、低压、隔氧的条件下制作的，有效地保持了新鲜食材的色、香、味、形，并最大限度地保存了食材中的各种维生素、矿物质、蛋白质等营养成分及风味物质。一般来说，冻干过程中冷冻的速度越快、温度越低，就越能保留住食物的营养美味。

（2）适口性好、易消化

冻干宠物食品原料主要是新鲜肉、蔬菜、水果，许多果蔬冻干脱水后酥脆爽口，易嚼碎，冻干也会浓缩果蔬香味和营养，比原料更加美味可口。肉类冻食材在冻干过程中没有经历高温，生肉中营养物质基本不会被破坏，比如脂肪、蛋白质（氨基酸）等，这些天然营养物质本身有较好的适口性，更容易消化吸收。

（3）高复水性

冻干宠物食品的高复水性为宠物食品形式提供了更多选择。冻干宠物食品既可作为零食饲喂，又能够当主粮。只要加入适量水，就可以在几分钟之内迅速恢复还原成为新鲜的美味食材，成为新鲜可口的湿粮，可以有效促进宠物的补水，特别适合不爱喝水的宠物。

（4）安全、便捷、健康

采用真空冷冻干燥技术制作的宠物食品，去除了食材中绝大部分水分，携带十分轻便；冻干缺水，破坏了微生物生长条件，降低了生物酶活性，所以生产商不需要添加大量防腐剂延长保质期，宠物主人采购的冻干产品，在密封环境下就能长期常温保存。给宠物喂食冻干产品时，可以复水，也可以直接给宠物干吃，方便快捷，安全健康。

四、冻干宠物食品主要类别

目前我国宠物市场上冻干宠物食品主要包括冻干宠物主粮和冻干宠物零食。冻干宠物主粮包括可见肉纹理的原切全价冻干粮和混合全价冻干粮，还有部分冻干膨化双拼全价主粮，冻干宠物零食细分产品包括冻干鸡胸肉、冻干鹌鹑、冻干虾、冻干牛肉、冻干鳕鱼、冻干三文鱼、冻干蛋黄、冻干多春鱼等（图2-12，图2-13）。

图 2-12 冻干宠物主粮

图 2-13 冻干宠物零食

五、我国冻干宠物食品发展存在的问题

目前我国冻干宠物食品在宠物食品市场的占比仍较低，但其增长速度

较快，随着市场需求升级，冻干宠物食品有望发展成为宠物食品增长和创新的主要零售渠道。受市场前景吸引，越来越多的企业入局冻干宠物食品市场，在此背景下，市场上的冻干宠物食品品牌数量不断增加。据北京派读科技有限公司统计数据显示，在养狗用户对犬食品的消费结构中，选择犬冻干主粮的消费者占比35%。犬冻干零食是偏好度提高最快的品类，并且自2019年以来持续提高，2021年犬冻干零食偏好度达到53.8%。养猫用户的猫食品消费结构中，选择猫冻干主粮的消费者占比44.3%。猫冻干零食的偏好度也在逐年提升，2021年猫冻干零食偏好度达到72.5%。

1. 国产冻干宠物食品品类同质化严重

许多国产冻干宠物食品企业生产的产品都有冻干鸡胸肉、冻干蛋黄、冻干鹌鹑等，品类内卷，同质化严重。未来需要深入开发更多有竞争力的冻干原料及冻干配方来应对越来越丰富的市场需求，如昆虫类食材、海洋类食材等。每一项品类都会有它专属的市场，每个创意和产品都有可能成为市场上的新宠。需加快技术和产品创新，尤其是冻干新原料开发及冻干新配方升级，力争在国内国际冻干宠物食品市场树立品牌创新形象。

2. 国产冻干产品品质参差不齐

冻干产品品质和原料有很大关系。受多因素影响，部分国产冻干宠物食品采用的原料是冷冻肉、边角料甚至来源不明的原料，尽管这些原料成本价格低廉，但冻干产品品质显著下降。另外，国内市场调查发现，不少冻干厂家仍采用半自动化操作，需人工上设备干预生产，而国外冻干宠物食品工厂自动化生产程度相对高很多。

3. 产业亟须规模化发展

相比欧美、日本等国家或地区冻干宠物食品市场，我国冻干宠物食品市场规模较小，产品质量、生产工艺以及品牌建设等方面都存在很大的提升空间。在产业发展方面，需多方协同、因地制宜、资源互补、精准施策，大力支持我国冻干宠物食品产业集约化、规模化发展。

第五节　宠物保健品发展现状

近几年来，随着养宠人群的高端化，人们开始更加关注宠物营养与健康知识，再加上资本的介入，宠物保健品的市场规模在逐步上升，目前进入了快速发展阶段。

一、宠物保健品发展历史

我国宠物保健品的发展，从20世纪90年代开始，经历了起步、摸索前进和规范化快速发展三个阶段。

1. 起步阶段（1990—1999年）

随着人们对宠物食品的认识，对宠物保健品的需求也在不断增加，在90年代初，喂养全价宠物食品的犬猫数量不多，以餐桌食品为主，因此会造成营养素的缺乏和有些营养素的过剩。容易缺乏的营养素有钙、维生素、微量元素、氨基酸、蛋白质等。缺钙造成动物的骨骼疾病，如幼犬的佝偻病、成犬的软骨病、骨质疏松和妊娠犬的产后瘫、骨折骨发育不良等，宠物主人会到宠物医院进行诊疗，宠物医院会让宠物服用一些营养补充剂来补充缺乏的营养素。2000年之前，宠物保健品的种类很少，很多是兽药工厂出品的一些属于药品的保健品，如葡萄糖酸钙、液体的维生素等输液制剂。因食用全价宠物食品的犬猫数量不多，因此营养缺乏和能量过剩带来的营养缺乏症和肥胖比较普遍，因此对宠物保健品的需求比较旺盛，但可用的保健品有限。据头豹研究院《2019中国宠物保健品行业概览》的说明，1998年，我国台湾地区宠物保健品品牌“发育宝”进入大陆市场，当时以“发育宝”和“钙胃能”两个粉剂罐装产品进入大陆市场。1999年北京济海兴业饲料开发有限公司［安贝（北京）宠物食品有限公司］成立，开始自主研发和生产宠物保健品，开启了中国大陆本土生产企业开发生产宠物保健品的先河，最初有6款产品上市。

2. 摸索前进阶段（2000—2017年）

因为没有政府的相关法律法规的监管和引导，宠物保健品一直处于摸索前进的状态。宠物对保健品的需求日益旺盛，从宠物医院到宠物店都有对保健品的刚需，用来矫正由于营养素缺乏造成的缺乏症，如骨骼发育不良、皮毛粗糙、不柔顺光亮、免疫力低下、消化不良等，因此随后国外企业和本土企业不断加入，进行宠物保健品的生产和销售。宠儿香、麦德氏、卫仕、红狗、雷米高、维克、乐宝等品牌相继涌现。当时很多企业以代工为主，主要是线下市场，随着电商渠道的发展，相继在线上售卖。产品的品类和产品的剂型不断丰富，从最初的粉剂，到片剂、膏剂、液体制剂，功能划分也更加细化。

这时宠物保健品市场处于摸索前进阶段，因为没有法规的规定，对其生产资质、产品名称、原料和添加剂的使用、品质控制、功能的描述、市场的监管都存在很大的分歧和争议，从政府管理部门、企业生产者、分销商、宠物医院、宠物店到宠物主人，都有各自的认知。在此情况下，宠物保健品行业艰难前行，保健品企业经常受到市场的监管。但得益于宠物数量的增加和中国经济的发展，人们对宠物保健品的需求不断提升，市场规模不断扩大，从2014年的28亿元，到2017年的67.2亿元，到2018年的85.1亿元，年复合增长率达到32%以上（头豹研究院，2019）。同时，资本开始进入宠物保健品赛道，宠物保健品进入群雄混战阶段，但还没有形成强势品牌和大规模的企业。

3. 规范化快速发展阶段（2018年至今）

2018年4月我国农业农村部发布第20号、21号和22号公告，对宠物保健品的定义、生产许可、标签、原料和添加剂使用、质量控制等都进行了规范。所有的保健品企业都需要获得生产许可证才能进行生产，对生产设备、工艺流程、产品标准、质量检验都进行了规定，同时对线上线下的销售也进行了规范，宠物保健品行业进入了规范化快速发展阶段，销售额也在稳步提升，从2018年的85.1亿元，2019年的102.7亿元，到2020年的123.3亿元，市场以20%左右的速率增长。

宠物保健品品类繁多，目前需求比较多的品种主要是：骨和关节健康、胃肠健康、皮毛健康的产品，有60%～70%的宠物主人购买过这类产品。对其他功能的保健品的需求也在不断提高，如猫的牛磺酸、犬猫的小肽、益生菌和后生素、胶原蛋白、丝兰等植物提取物等。随着人们对自身健康的关注，吃各种功能保健品的增加，对犬猫保健品的需求也会更加旺盛。

二、宠物保健品的概念及分类

宠物保健品归口农业农村部饲料管理部门管理，农业农村部在2018年出台了第20号公告对宠物食品的定义和分类进行了规范。其中宠物添加剂预混合饲料，也称宠物保健品、宠物营养补充剂或补充性宠物食品，是指为满足宠物对氨基酸、维生素、矿物质微量元素、酶制剂等营养性饲料添加剂的需要，由两种（类）或者两种（类）以上的营养性饲料添加剂与载体或者稀释剂按照一定比例配制的饲料。产品可用于加工宠物配合饲料，也可用于宠物直接食用。

宠物保健品主要含有一些功能性营养素的产品，不同于全价的犬猫粮和零食，它更像人的保健品，提供与全价宠物食品相比有更高含量的维生素、常量矿物质（如钙、磷）、微量元素（如锌、铁、锰、铜、碘、硒）、氨基酸（牛磺酸、甘氨酸、赖氨酸、蛋氨酸）、酶制剂和一些功能性的成分，如硫酸软骨素、益生菌、益生元、谷氨酰胺等。因此，其具有特殊的功效作用，可改善因营养素缺乏带来的一些临床症状，广泛地应用于兽医临床的营养护理当中。比如缺钙，可补充钙片、钙粉；缺乏维生素引起皮毛不良，可补充B族维生素等。

宠物保健品种类繁多，剂型复杂，可按水分含量、产品形态、生命阶段、成分和功能进行分类。

1. 按水分含量分类

（1）固态宠物保健品：水分含量＜14%的为固态宠物保健品，如水分含量＜14%的片剂、粉剂、颗粒剂。

（2）半固态宠物保健品：水分含量≥14%，＜60%的为半固态宠物保健品，如水分含量＜60%的营养膏，卵磷脂颗粒等颗粒。

（3）液态宠物保健品：水分含量≥60%的为液态宠物保健品，如水分含量＞60%的营养膏、液体钙、液体维生素等。

2. 按产品形态分类

（1）片剂：采用粉末制片、颗粒压片工艺生产制成的圆形或异形的片状宠物保健品，如钙片、微量元素片、维生素片。

（2）粉剂：采用粉碎、混合工艺生产制成的干燥粉末状或均匀颗粒状的宠物保健品，如钙磷粉、维生素粉。

（3）膏剂：采用均质乳化工艺生产制成的半固态软膏状宠物保健品，如营养膏、美毛膏。

（4）颗粒剂：采用粉碎、混合或挤出等工艺生产制成的干燥均匀的固态柱状颗粒的宠物保健品，如卵磷脂颗粒、海藻颗粒。

（5）液体制剂：采用杀菌灌装工艺生产制成的液态宠物保健品，如液态钙、液体维生素。

3. 按生命阶段分类

犬猫的生命阶段分为：幼年期、成年期、老年期、妊娠期、哺乳期及全生命阶段。犬猫保健品也分为幼年期、成年期、老年期、妊娠期、哺乳期、全生命阶段保健品等。

4. 按成分分类

（1）补充维生素：如复合维生素片、维生素粉。

（2）补充矿物质：如钙片、钙磷片、电解质粉。

（3）补充微量元素：如复合微量元素片、粉、膏。

（4）补充氨基酸：如赖氨酸补充剂、复合氨基酸、小肽补充剂。

（5）补充酶制剂：如消化酶复合片、蛋白酶补充片。

（6）补充益生菌和益生元：如益生菌粉、果寡糖益生菌。

（7）补充不饱和脂肪酸：如鱼油、胡麻油。

（8）补充其他特殊营养素：如硫酸软骨素、茶多酚、番茄红素。

（9）复合营养素：同时补充维生素和微量元素以及其他一些营养素，

任何两类以上的饲料添加剂组成的产品，都可以称为复合营养素。

5. 按功能分类

（1）骨骼关节类：补充骨骼和关节护理需要的营养素。

（2）皮肤美毛类：补充皮肤健康毛发护理需要的营养素。

（3）肠道护理类：护理肠道的益生菌、益生元和小肽等。

（4）提高免疫类：添加抗氧化的成分，提高免疫力。

（5）眼睛健康类：添加护理眼睛的一些功能性的成分。

（6）抗应激类：补充电解质和维生素、抗氧化剂等。

（7）口腔健康类：为保健口腔而添加的一些营养素。

（8）综合营养补充类：综合营养膏、复合营养素等。

三、宠物保健品应用现状与宠物健康

由于犬是杂食性动物，猫是偏肉食动物，两种动物的生理代谢差别较大，对日常的营养要求也不同。根据AAFCO的基础营养标准，犬必需的营养物质有37种，猫必需的营养物质有41种，这些必需氨基酸、脂肪酸、矿物质、维生素缺少任何一种都会引起宠物健康问题，它们的强化和补充，可有效平衡营养，达到保健的目的。在基础营养物质之外，还有许多可调节生理功能的成分，比如益生菌、益生元、酶类、肽类、天然植物成分、多糖、软骨素、食药同源成分等，能针对健康问题发挥保健功效。

1. 功能型宠物保健品与宠物健康

中国宠物行业在快速发展与变革，对比2019年和2020年数据，宠物犬猫的总体健康水平在下降。犬健康问题从51%上升到54%，主要问题分为体重、皮肤、肠胃、泌尿系统、关节等；猫健康问题从36%上升到49%，主要问题依次为体重、泌尿系统、皮肤、肾脏、肠胃等。养犬人群经常购买的保健品为益生菌、钙片、营养膏等；养猫人群经常购买的保健品为化毛膏、营养膏、益生菌等（图2-14，图2-15）。2021年皮肤病、消化系统疾病和传染病是排名前三的系统性疾病，在各功能类型宠物保健品中，销量占比最高的为消化系统护理类，占31.8%（图2-16至图2-18）。

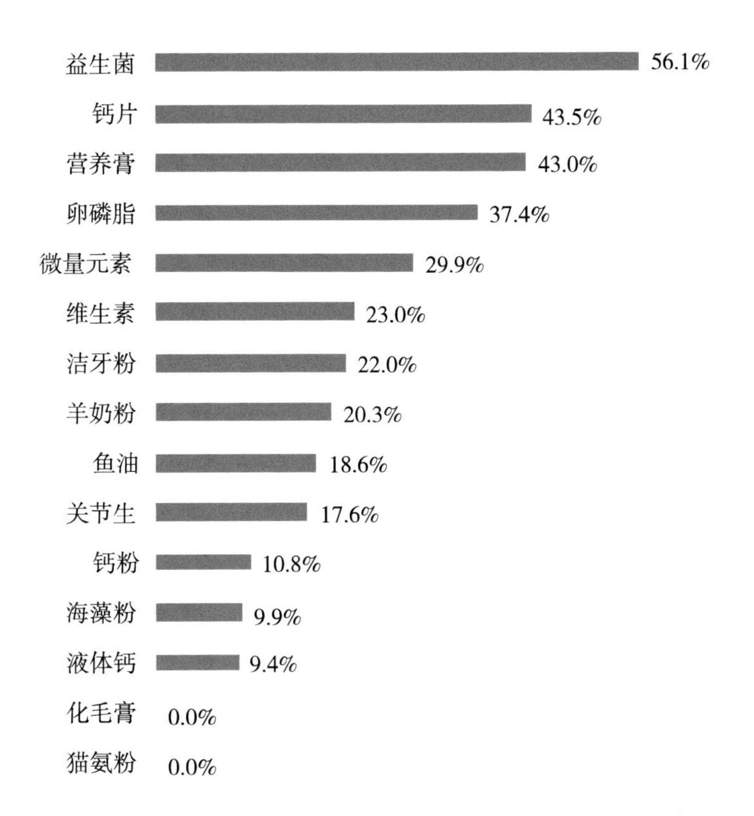

图 2–14 养犬人群经常购买的宠物保健品占比

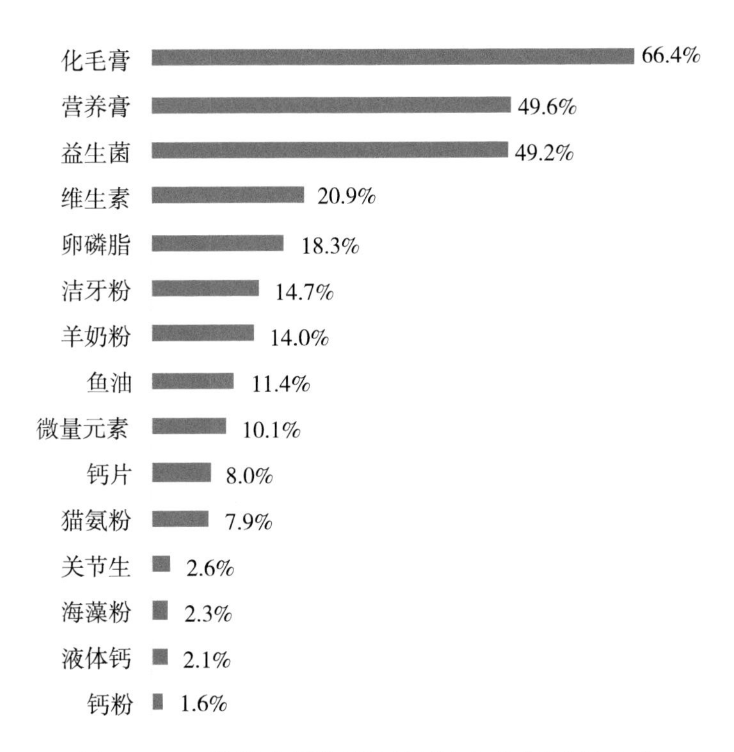

图 2–15 养猫人群经常购买的宠物保健品占比

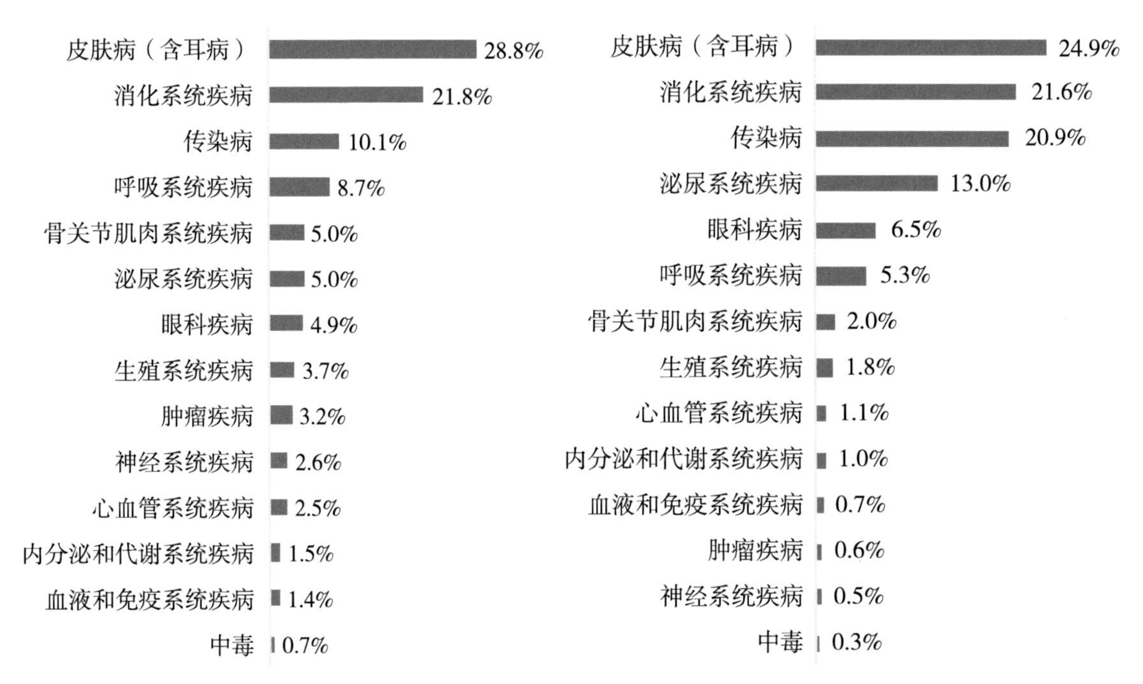

图 2-16　犬各系统疾病病例占比　　**图 2-17　猫各系统疾病病例占比**

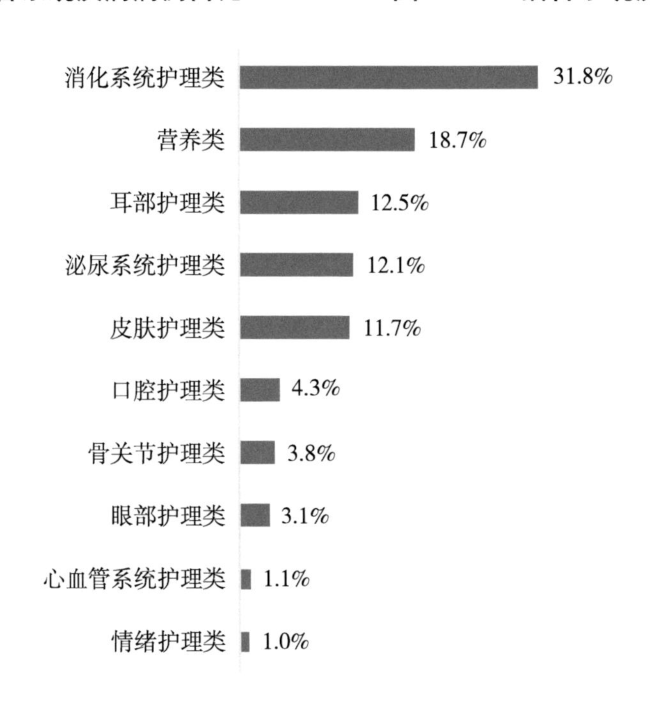

图 2-18　各功能类型保健品销售占比

2. 处方粮与宠物健康

处方粮与医生的处方关联，是根据疾病特点配合治疗的营养管理产品，具有巩固治疗效果、缩短治疗周期、维持健康状态的效果。在农业农村部《宠物饲料管理办法》附录5中建议了19项营养特征功能标示示例（表2-1）。

表2-1　营养功能标示示例

特定生理状态（10项）	特定生理状态（9项）
改善慢性肾功能不全状态	调节葡萄糖供给
帮助溶解鸟粪石	改善肝功能不全
减少鸟粪石再生	改善高脂血症
减少尿酸盐结石形成	改善甲状腺功能亢进
减少草酸盐结石形成	降低肝脏中铜含量
减少胱氨酸结石形成	改善超重状态
降低急性肠道吸收障碍发生	营养恢复期
降低原料和营养素不耐受	改善皮肤炎症和过敏脱毛
改善消化不良	改善关节炎症
改善慢性心脏功能不全	

随着犬猫年龄的增大，针对慢性疾病如肾脏疾病、糖尿病、泌尿道疾病、肠胃疾病，30%左右的养宠人群会选择使用处方粮，但只有15%的人群充分了解处方粮的功能。宠物医院始终是销售处方粮的主渠道。图2-19为犬猫处方粮的统计数据。

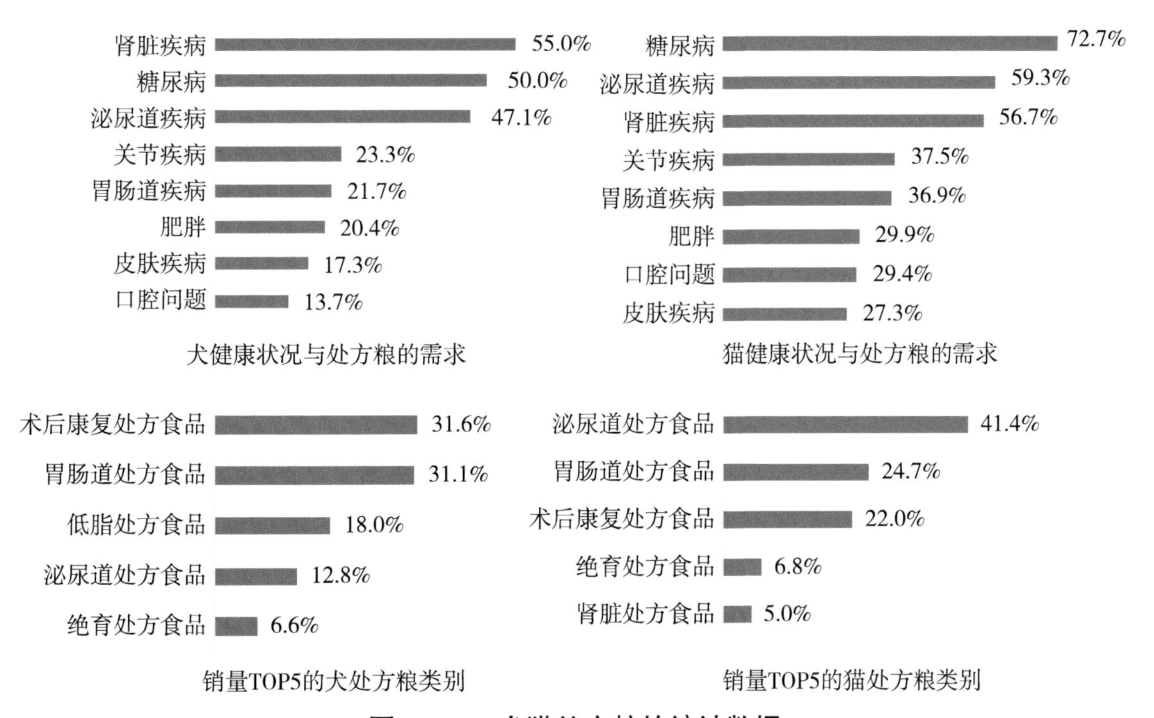

图 2-19　犬猫处方粮的统计数据

3. 宠物保健品关注度

宠物保健品的产品形式多种多样，受人类保健品的影响，有片剂、软胶囊、硬胶囊产品。由于犬猫的采食特性和动物品种大小的差异，片剂和硬胶囊产品使用时会不方便。早期国外保健品有软膏剂型、液体剂型、食物块剂型，它们适口性好，饲喂方便，后来很多国内企业也使用这种产品形式。为方便营养保健，附带各种营养功能的干粮、湿粮、零食等也受到广泛关注。对宠物保健品的关注度见图2-20，反映了养宠的健康需求。

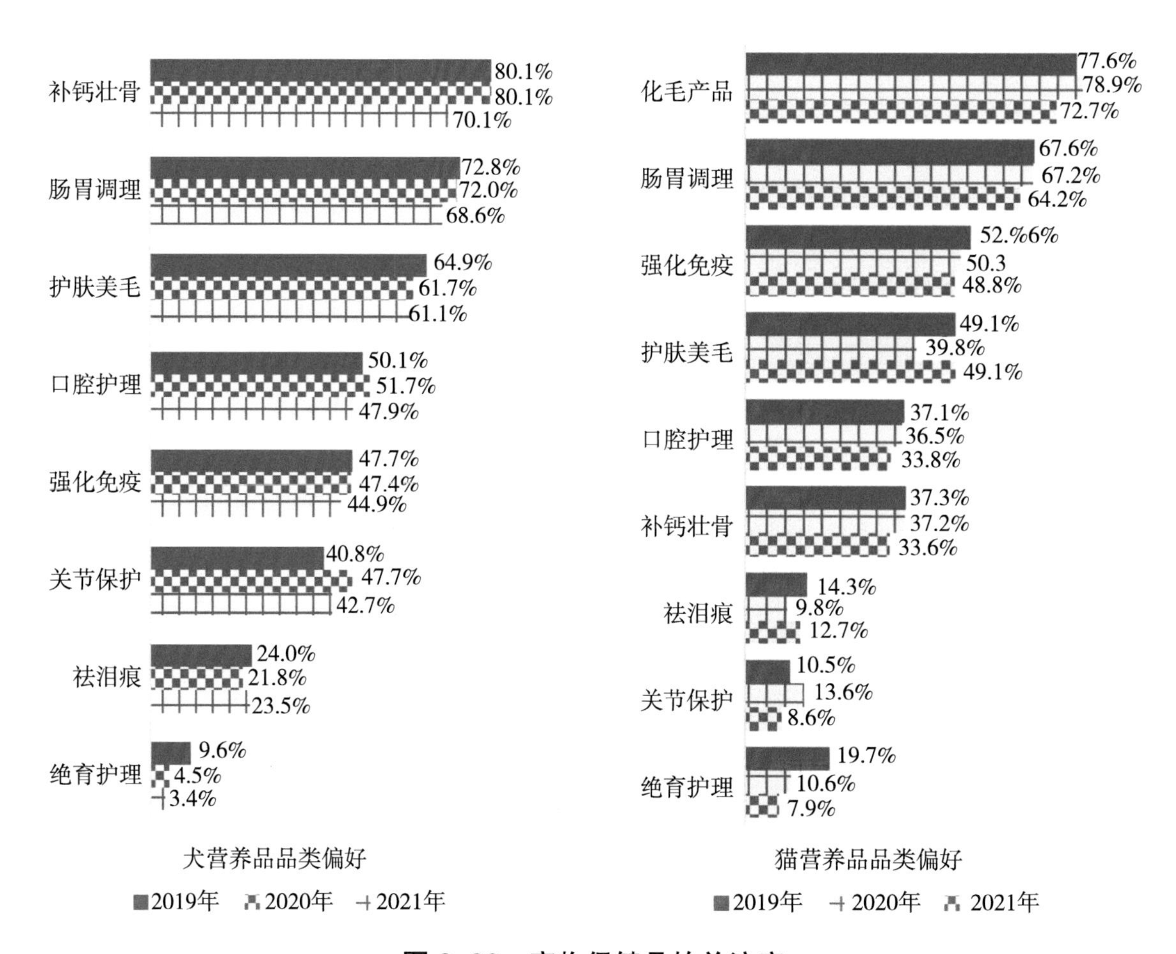

图 2-20　宠物保健品的关注度

我国宠物保健品行业在发展中也遇到了很多问题，对功能的声称和理解需要更多的研究数据支持。多数应用都是来源于人类营养研究，针对犬猫的生理特征，可能会有不适合之处，需要有针对性研究数据支持。将营养功能材料制作成营养品后，是否还有同等功能，也需要科学的评价。病从口入，宠物疾病日趋增多，说明在宠物喂养中还存在着很多潜在问题，如果能用保健品进行健康问题干预，对宠物健康有着深远的意义。近几年，能够看到国内企业开始建立研究机构，投入资金开展宠物健康相关研究，希望这些研究工作能成为宠物保健品未来的发展基础。在美国，宠物保健品经历了国内类似的发展周期，美国国家动物营养品委员会（National Animal Supplement Council，NASC）应运而生，帮助产品功能的标准化，提高消费者对功能的认知，促进市场的监管和发展。在中国，也可借鉴NASC的经验，规范功能声称，提高制造者质量信任度，研究和提供评价和研究指导，促进市场管理和发展。相信中国宠物保健品企业、养宠人群、市场管理部门在安全、有效、可控、合规、科学原则的推动下，发展越来越好。

四、宠物保健品的现状与未来的发展趋势

1. 企业多，规模小，未来会诞生头部大企业

目前进入宠物保健品的企业众多，品牌更是数量繁多，有些建有工厂，大部分以代工为主。将来保健品行业集中度也会越来越高，也必将诞生大的企业。目前中国宠物保健品的知名品牌有：卫仕、红狗、麦德氏、发育宝、安贝、美格、维克、宠儿香、威斯康、小宠等（头豹研究院，2019）。

2. 准入门槛提高，行业逐渐开始规范

农业农村部第20号公告《宠物饲料管理办法》出台后，不同形态的宠物保健品都需要进行生产许可，提高了准入门槛，有利于产品品质的提升，规范了市场，有利于行业健康有序地发展。

3. 加大研发力度，创新产品，提高产品质量，引导消费者

宠物保健品的功能需要科学数据的支持，因此宠物保健品行业需要加大研发力度，对新原料、新添加剂、新工艺、新剂型、功能效果进行研究，以提高产品的创新能力，并提高产品的质量。宠物保健品的主要特点是具有一定的功效性，因此开发新的具有功能性的原料和添加剂，必将给宠物保健品的开发带来新的产品和增长点，满足宠物的健康需求。宠物行业因为发展历史短，在人才培养上存在短板。目前各高校相继开展宠物方面的人才培养计划，开始培养宠物营养与食品方面的人才，社会上也开展了这方面的职业

技能培训，因此整个行业的科技水平也会得到提升。对消费者进行宠物知识方面的培训，加深对宠物营养和饲养的科学认识，对宠物食品和使用有正确的认知，有利于宠物保健品行业的健康发展。

随着养宠人数的增加，在宠物保健品上的消费比例会不断提升，预计2022—2025年宠物保健品市场复合增长率将达到22%，宠物保健品市场将迎来发展的黄金时代。

第三章

进口宠物食品发展形势分析（2017—2021年）

随着国内宠物行业的快速崛起，进口品牌也在加速进入中国市场，由于消费者对国产宠物食品的信任危机以及历史原因，国外宠物食品以品牌优势迅速占领国内高端宠物食品市场。进口宠物食品一般分为大贸进口和跨境电商进口两个渠道，大贸进口需要同时满足取得农业农村部核发的进口饲料登记许可证和列入海关总署的允许进口企业的白名单两个条件。跨境电商可以不用取得以上进口许可，在海关完税之后进入国内，但仅限于邮寄给个人用户消费使用，不得在市场上二次流通。

随着进口品牌的增加，宠物食品市场竞争愈加激烈，国际品牌（包括外资在华企业和外资纯进口品牌）占据了头部高端市场。2020年京东宠物主粮TOP10品牌份额57.8%，其中国际品牌占42.9%；TOP10品牌中，国产品牌占3个席位。高端纯进口粮增长抢眼，渴望、GO、艾肯拿品牌在京东销售额增长1～2倍；麦富迪品牌首推双拼粮，定位中低端，受到新晋宠物主人的喜爱，京东销售额同比增长68.6%。

近年来进口宠物食品呈现爆发增长的趋势。根据海关数据显示，2017—2021年，我国进口宠物食品（主粮和零食类）逐年上升，从2017年的3.9亿元增长到2021年的29.6亿元，增长了6.59倍。

罐头类宠物食品进口额从2017年的2.2亿元增加到2021年的7.9亿元，

增长了2.59倍。到2021年我国宠物（天猫）食品进口总额为37.5亿元，相比2017年6.1亿元增长了5.15倍，2020年达到最高峰值43.1亿元，2021年进口额有所下降（图3-1）。

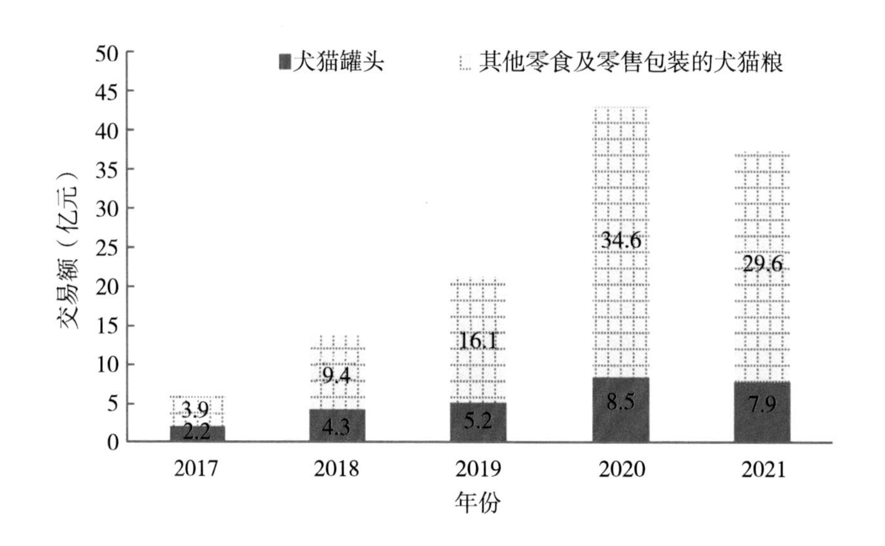

图 3-1　我国进口宠物（犬猫）食品交易额

原装进口品牌定位高端，以高肉含量、高蛋白、无谷为卖点，凭借出色的产品力获得国内宠物主人的认可，但进口粮在洋品牌的光环下，也存在诸多问题，例如进口时间长、审批环节复杂、供应链不稳定、生产日期不新鲜、适口性差、价格昂贵等一系列现实问题。在新冠肺炎疫情影响下，进口粮供应链出问题，好多平时吃“巅峰”“渴望”等进口粮的宠物主人开始接受目前只能买到国产粮的现状。而且，部分进口粮品质也没有宣传的那么好，根据国内某机构检测结果显示，2019—2021年进口宠物食品复核检测指标不合格率问题突出，平均不合格率达到了17.9%，在复核检验的项目中，粗灰分检测不合格率最高（27%），问题较突出，其次是粗蛋白质（17%）、粗纤维（8%）、粗脂肪（6%）、钙和磷（16%）等营养指标均检测出了不合格项。

尽管海外品牌在产地优势、渠道策略、研发投入和品类引领方面形成了独特的产品优势，凭借历史积淀和对中国市场的长期深耕形成品牌力，但国产宠物食品品牌现已强力出圈。一大批行业内优秀企业迅速崛起、壮大和发展，产品力、品牌力与渠道供应力不断提升，发挥中国特色优势，部分国产品牌已经开始与海外品牌媲美，产品市场定位开始上移。相信不久的将来，随着“90后”“00后”一代人成为养宠主体，代表着国潮、国货之光的国产粮将逐渐被新一代养宠人群接受，国产品牌一定会引领行业的发展。

我国是宠物食品（零食类）出口大国，一直保持着40亿元/年以上的出口额度，2018年我国宠物食品出口额达到73亿元（图3-2），创造了历史最好成绩。我国宠物食品出口企业大多集中在山东、浙江、福建、广东等沿海省份，代表性企业有烟台中宠食品股份有限公司（零食、湿粮）、乖宝宠物食品集团股份有限公司（零食）、山东路斯宠物食品股份有限公司（零食）、佩蒂动物营养科技股份有限公司（咬胶）等。宠物食品出口多以为国际品牌贴牌代工为主，自有品牌输出比重相对较低。

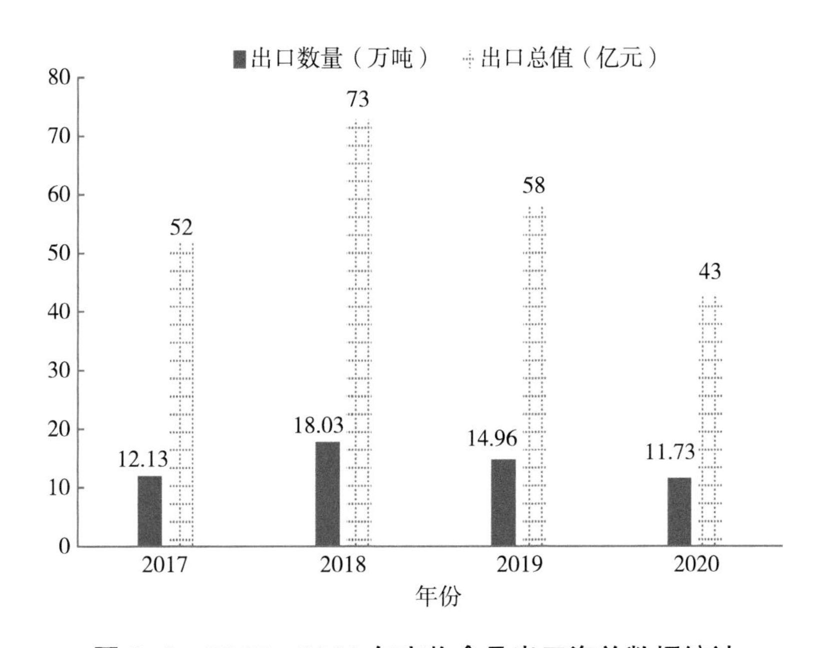

图 3-2 2017—2020 年宠物食品出口海关数据统计

从我国宠物食品出口国分布来看，最大的出口国是美国，其次是德国、日本、韩国和英国。

据美国宠物产品协会（APPA）统计，2019年我国宠物食品对美国出口额远高于从美国的进口额，因此在中美贸易谈判中，美国把提高向中国出口宠物食品也列入了谈判议题。根据美国人口普查局的数据，由于2020年初中美贸易谈判达成了第一期贸易协定，所以2020年美国宠物食品出口总额比2019年增长了5.6%，超过了17亿美元。

第一节 进口宠物食品登记总体情况分析

根据农业农村部公告的显示，2017—2021年在我国获得批准登记或续展登记的饲料和饲料添加剂产品数量为4 177个，其中宠物食品登记数量为1 805个（表3-1）。

表3-1 2017—2021进口宠物食品登记数量（2017—2021年）

年份	宠物食品发证数量[①]（份）	年度饲料发证数量[②]（份）	宠物食品/年度发证数量（%）
2017	176	562	31.3
2018	145	568	25.5
2019	178	594	30.0
2020	704	1 258	56.0
2021	602	1 195	50.0

注：①进口登记注册的宠物食品包含宠物配合饲料（主食配方的干粮及湿粮）和宠物添加剂预混合饲料（宠物保健品）。

②年度发证量为农业农村部颁发的全部进口饲料登记证数量，包括单一饲料、添加剂预混合饲料、浓缩饲料、配合饲料、精料补充料、混合型饲料添加剂、饲料添加剂、宠物配合饲料、宠物添加剂预混合饲料。

一、进口宠物食品登记注册占比情况

自2017年开始进口宠物食品的年度获证数量突破百张，在当年年度发证总量中的占比达到了31.3%，同样的年度获证量以及在年度发证总量中的占比趋势在2018年和2019年得到了一定的延续。

2018年进口宠物食品获证年度占比为25.5%，较2017年度略下降18.5%，其主要原因为2018年5月农业农村部第20号公告《宠物饲料管理办法》等文件的出台，新法规中对于进口宠物食品登记注册具体要求有较大的调整，境外宠物食品生产企业针对新法规的要求也需要有一个解读、理解和落实的过程。

2020年，进口宠物食品的年度获证数量突破700张，已经超过了前面三年获证数量之和，且在当年年度发证总量中的占比也一举达到了56.0%，几乎较前面三年的占比情况翻了一番。

截至2021年，进口宠物食品的年度获证量及在年度发证总量中的占比仍然保持着较高比例的增长趋势（图3-3）。

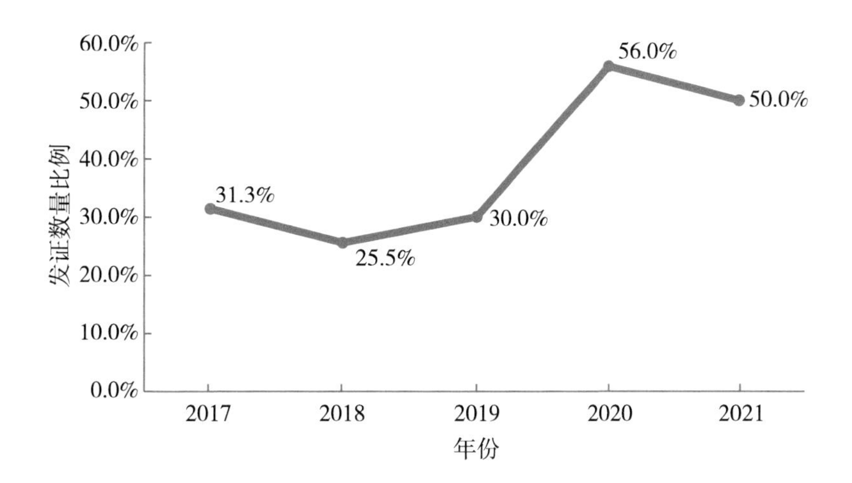

图 3-3　进口宠物食品占年度饲料发证数量比例（2017—2021 年）

二、进口宠物食品获证国家及地区分布

2017—2021年进口宠物食品获证国家及地区分布情况如图3-4所示。

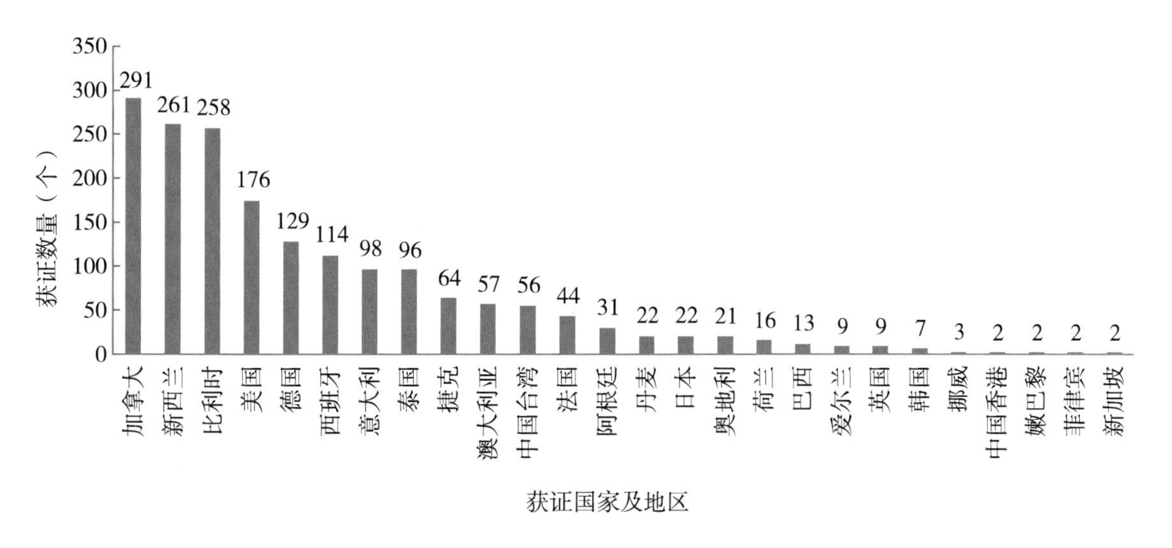

图 3-4　2017—2021 年进口宠物食品饲料获证国家及地区

根据进口宠物食品获证数据显示，在5年累计获证总量最多的国家及地

区中，欧洲位列第一，占比达到44%，其次为美洲、大洋洲和亚洲，截至目前，统计中未出现来自非洲地区的产品。

其中2021年获得农业农村部批准登记（含续展登记）的进口宠物食品产品数量为602个，来自20个国家及地区的63家企业，如图3-5所示。其中猫类产品为295个，犬类产品为294个，犬猫通用类产品13个。

获证产品数量排名前5位的国家及地区分别为美国、西班牙、新西兰、加拿大、德国，相应占比情况如图3-6所示。

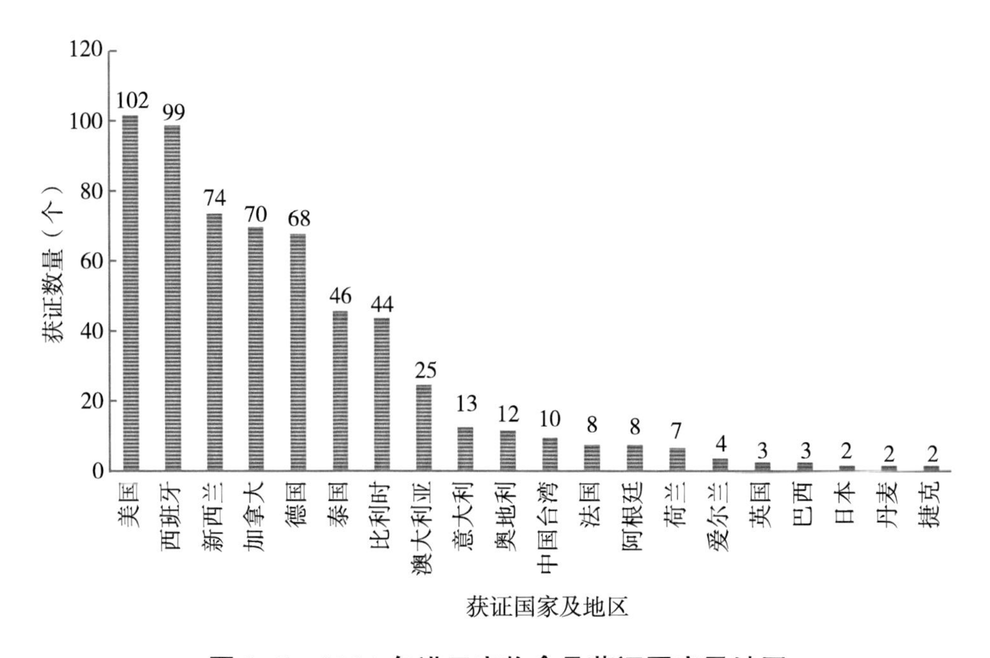

图 3-5　2021 年进口宠物食品获证国家及地区

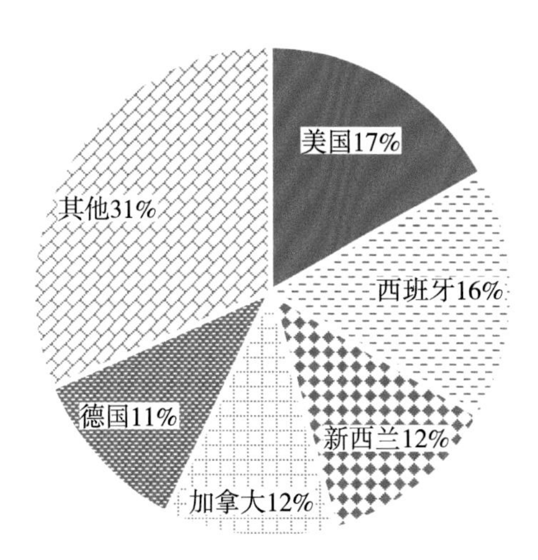

图 3-6　2021 年进口宠物食品获证数量前 5 位国家及地区占比情况

第二节　进口犬猫主粮登记情况

作为宠物食品行业规模最大的细分市场，宠物主粮包括了主食配方的干粮及湿粮。据2017—2021年获得农业农村部批准登记（含续展登记）的进口犬、猫主粮（含处方粮）产品数量为1 730个，其中，猫主粮产品为729个，犬主粮产品为1 001个（图3-7，图3-8）。

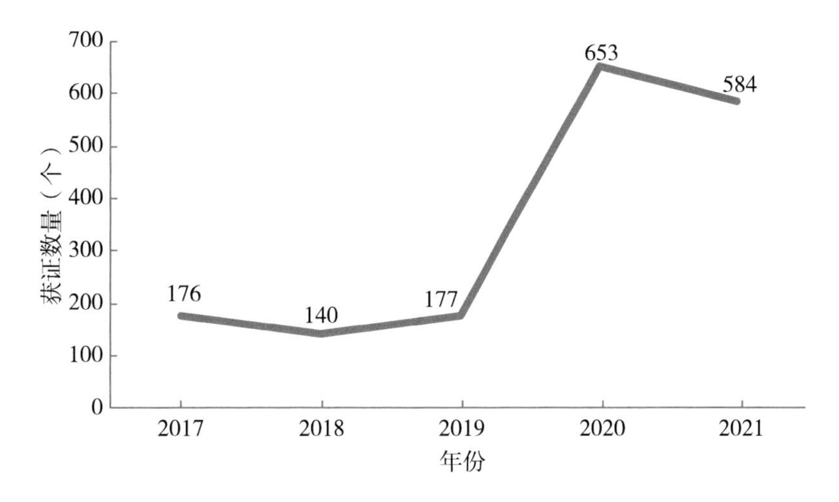

图 3-7　2017—2021 年进口犬、猫主粮（含处方粮）获证总量

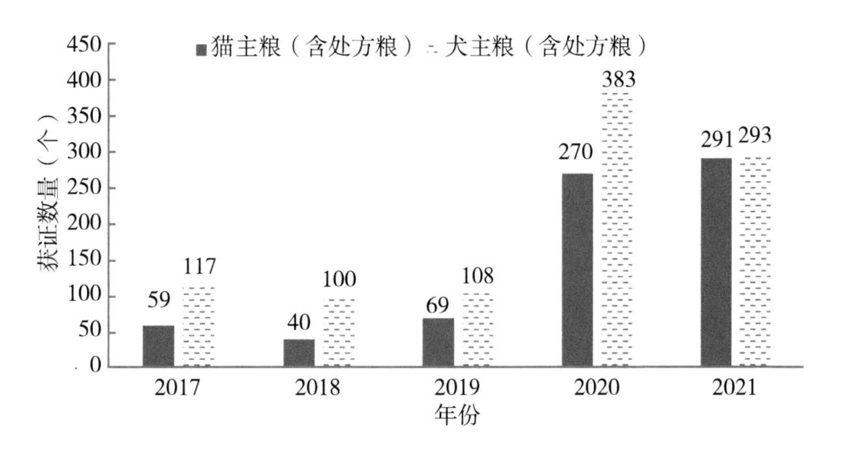

图 3-8　2017—2021 年进口犬、猫主粮（含处方粮）获证数量

一、进口犬、猫干粮

2017—2021年，获得农业农村部批准登记（含续展登记）的进口犬、猫

干粮产品为1 502个，其中猫产品为610个、犬产品为892个，进口犬、猫干粮产品登记数量稳步增长（图3-9）。

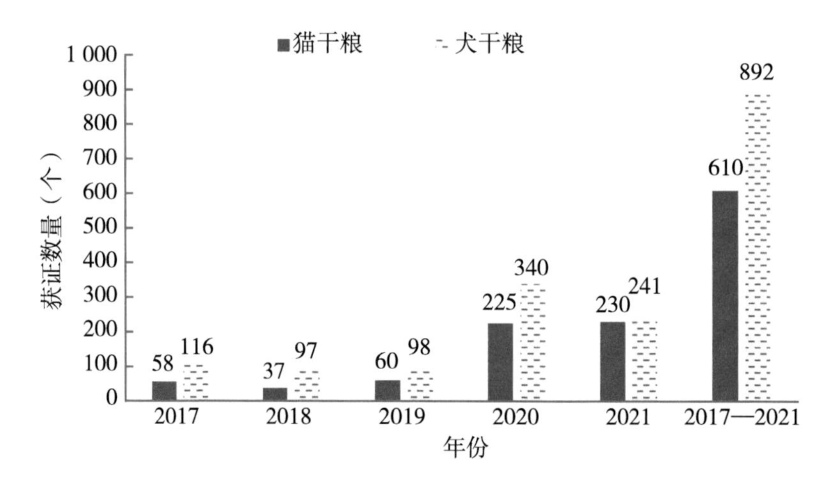

图 3-9　2017—2021 年进口犬、猫干粮获证数量

在2017—2021年进口犬、猫干粮获证国家及地区中，前5位分别是加拿大、比利时、美国、新西兰、西班牙（图3-10）。

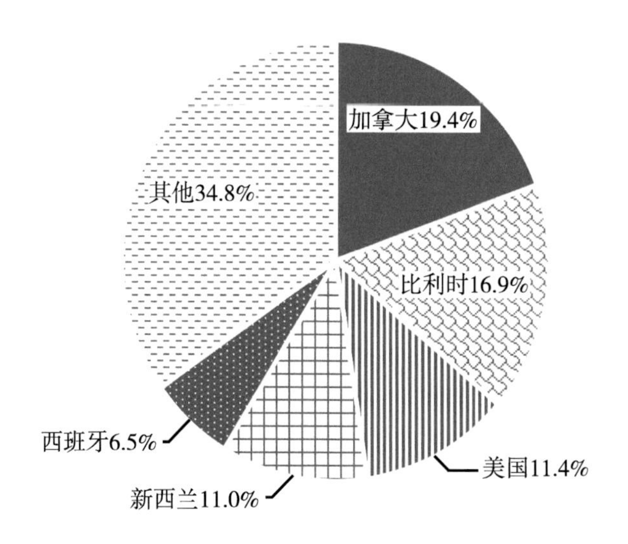

图 3-10　2017—2021 年进口犬、猫干粮获证国家及地区占比

二、进口犬、猫湿粮

根据2018年5月农业农村部发布的第20号公告《宠物饲料管理办法》等文件规定，进口宠物主食配方湿粮产品也需要办理进口登记注册。

自2019年1月至2021年12月，获得农业农村部批准登记的进口宠物主食配方湿粮产品为152个，其中猫产品为88个、犬产品为64个，进口宠物主食湿粮产品登记数量逐年增长。

获得登记的湿粮产品均来自新西兰、澳大利亚、德国、泰国、意大利、奥地利，其中获证产品数量最多的国家为新西兰，占比高达63%，德国、澳大利亚的占比次之，分别为11%和10%（图3-11）。

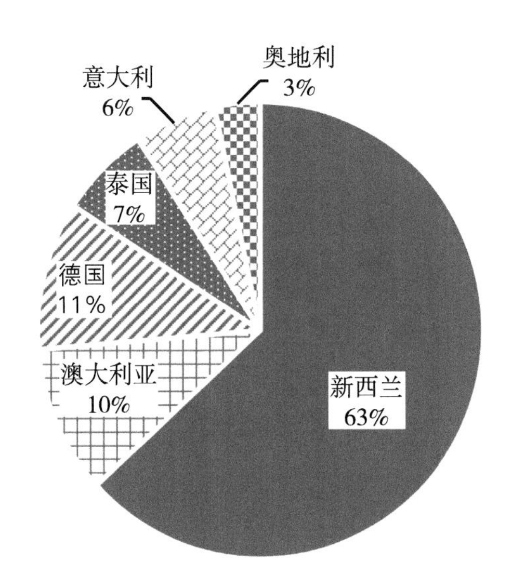

图 3-11 2019—2021 年进口犬、猫湿粮获证国家及地区占比

三、进口犬、猫处方粮

2017—2021年进口宠物处方粮登记产品数量也呈现出较快的增长，陆续有31个进口猫用处方粮配方和45个进口犬用处方粮配方获得农业农村部批准。特别是2020年的发证数量较之前年份均涨幅明显，且在2021年也延续了这种态势（图3-12）。

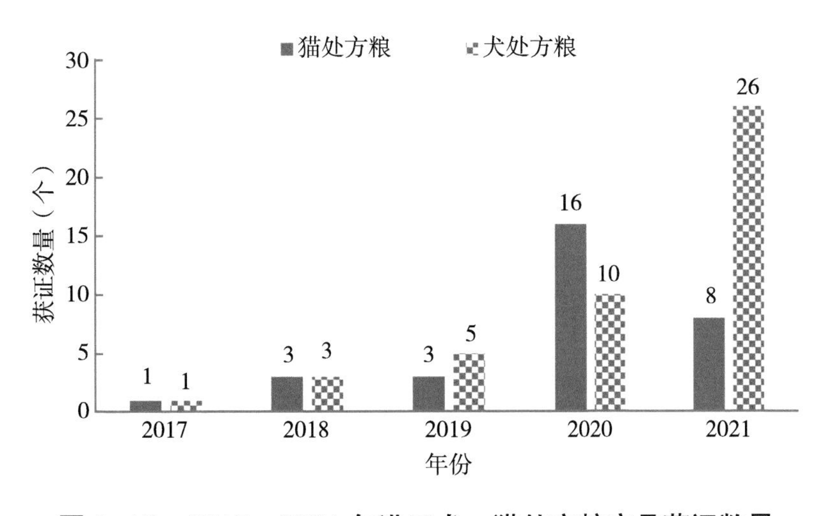

图 3-12 2017—2021 年进口犬、猫处方粮产品获证数量

考虑到产品的类型，在获得登记的处方粮产品中，胃肠道处方粮、泌尿系统相关处方粮、低敏处方粮、皮肤处方粮、肾脏处方粮以及减重处方粮占据了绝大多数比例（图3-13）。

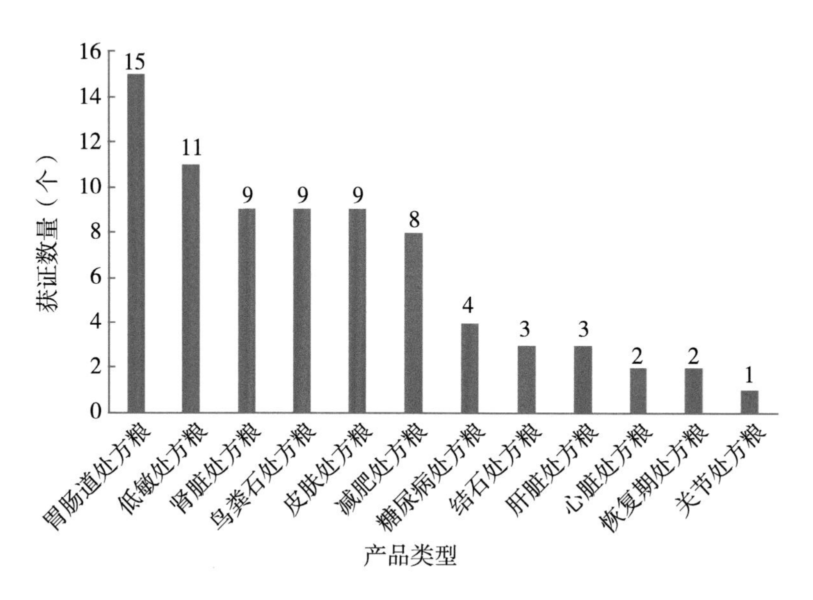

图 3-13 进口犬、猫处方粮不同产品类型获证数量

2017—2021年获得农业农村部批准登记的进口犬、猫处方粮均产自欧洲国家。其中，产自意大利的宠物处方粮占比49%，其次为产自西班牙及德国的产品，占比分别为17%和11%（图3-14）。

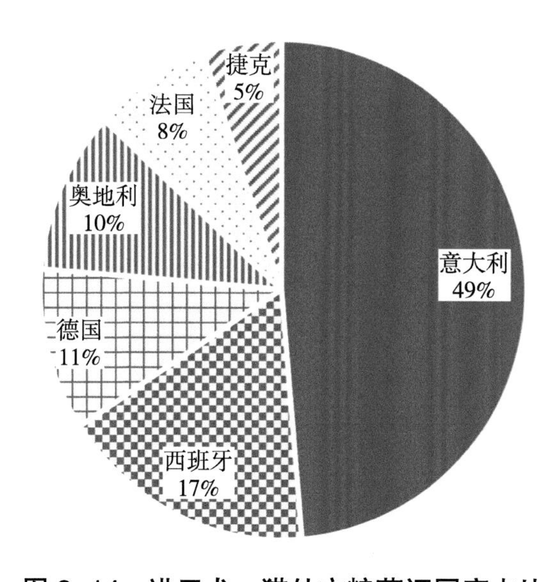

图 3-14 进口犬、猫处方粮获证国家占比

第三节　进口宠物保健品登记情况

一、进口宠物保健品登记情况

2018—2021年，获得农业农村部批准登记的（含续展登记）的进口犬、猫保健品共计75个（图3-15，图3-16）。

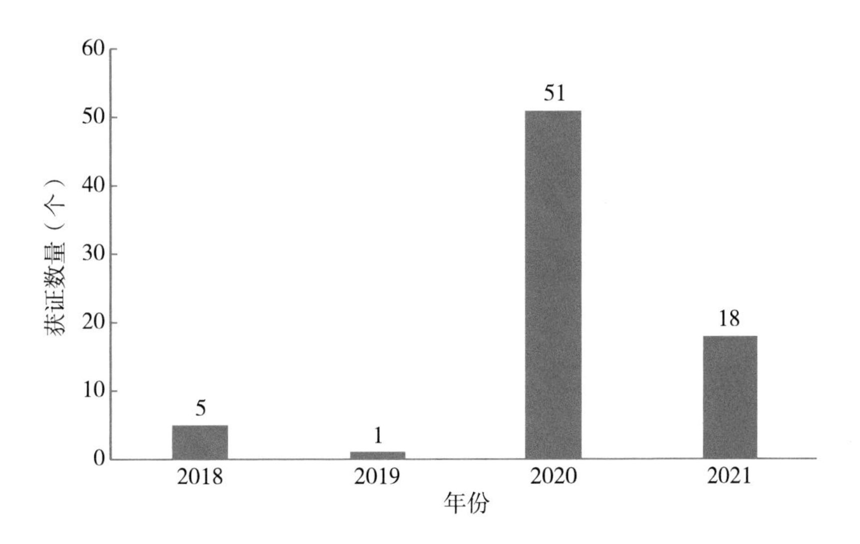

图 3-15　进口犬、猫保健品年度获证数量

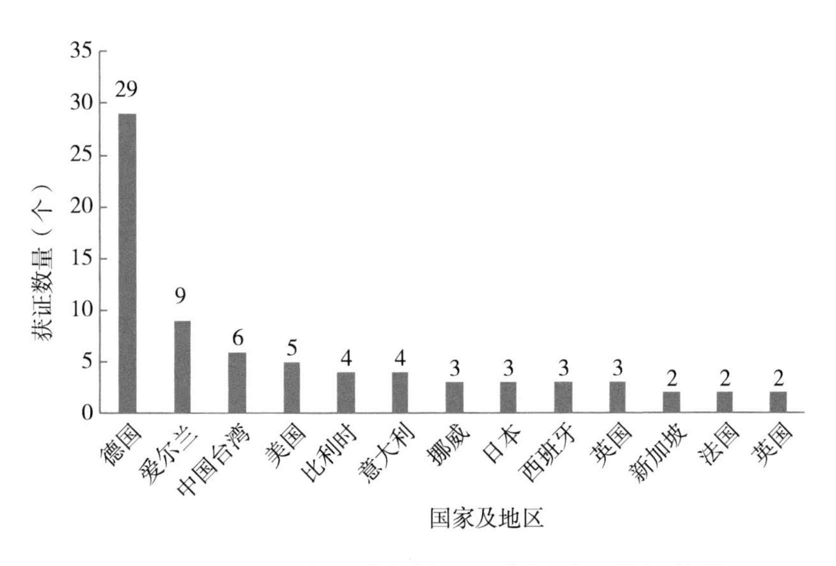

图 3-16　进口犬、猫保健品国家及地区获证数量

在上述获得批准登记（含续展登记）的进口犬、猫保健品中，产自德

国的产品占比38%，其次为爱尔兰，占比12%（图3-17）。

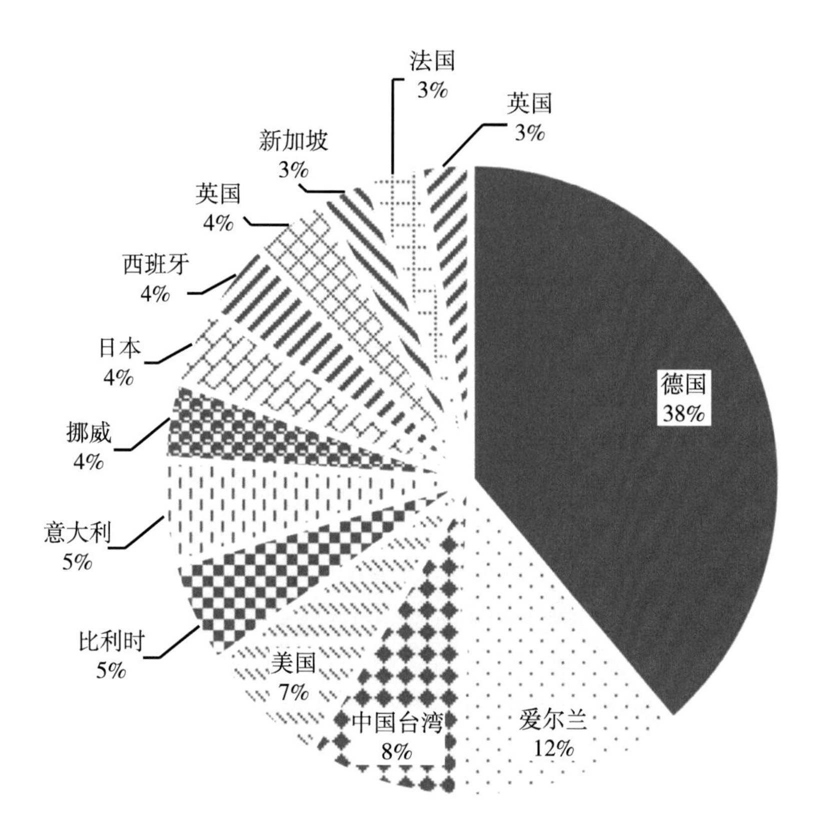

图 3-17 进口犬、猫保健品获证国家及地区占比

通过上述对于2017—2021年期间获得农业农村部批准登记的进口宠物食品的产品数量、产品类型、所属国家及地区等数据的分析，反映出我国宠物食品行业对于进口产品的需求增长明显，且增长的趋势必将有所延续。

二、海关总署允许进口宠物食品的国家及地区情况

根据海关总署要求，境外宠物食品进入中国，首先需要确认相关产品的出口地是否已纳入海关总署《允许进口饲料国家（地区）及产品名单（不含植物源性饲料原料）》，同时查询该国家《境外宠物食品注册生产加工企业名单》，确认产品生产企业是否已获得海关总署准入①。

据海关总署信息显示，目前有19个国家及地区的宠物食品生产企业允许进入中国。

① 准入名单为动态更新，需及时关注海关总署发布的最新变化。

欧洲获得准入的生产企业有：荷兰12家、法国7家、德国21家、比利时7家、丹麦3家、奥地利4家、西班牙13家、捷克4家、意大利16家，共计87家企业。

美洲获得准入的生产企业有：美国78家、加拿大9家、巴西2家、阿根廷6家，共计95家企业。

大洋洲获得准入的生产企业有：新西兰121家、澳大利亚7家，共计128家企业。

亚洲有获得准入的生产企业有：中国台湾2家、菲律宾1家、泰国33家、乌兹别克斯坦1家，共计37家。

上述19个国家及地区共计347家企业获得准入，看似具备进口资质的企业数量庞大，但是对于含有动物源性的宠物食品进口前还要考虑海关总署发布的《禁止从动物疫病流行国家/地区输入的动物及其产品一览表》[①]。

---

① 该疫情通报为动态更新，需及时关注海关总署发布的最新变化。

第四章

宠物食品市场消费洞察及投融资现状

第一节　宠物食品市场消费洞察

一、宠物食品消费与渠道概况

我国宠物行业全产业链日趋完善，并逐渐向下游蔓延，同时，电商红利推动宠物食品板块不断地增长。随着宠物食品消费市场的稳健增长，宠物行业细分市场呈现多样化发展，线上线下新零售模式启动，并逐渐形成新的格局。

我国宠物食品消费以电商渠道和专业渠道为主，电商渠道迅猛发展，目前已经成为最主要的渠道。宠物服务仍然需要回归线下，专业渠道仍占据较大份额。

宠物全产业链的上游主要包括宠物繁殖及交易，目前尚未产生规模效应，缺少大型标准统一供应商和专门标准配送渠道，仍以个体门店分散经营方式为主；中游主要包括宠物食品、宠物用品和宠物医疗等，宠物食品贯穿宠物整个生命周期，具备高复购性、价格相对不敏感、高黏性特性，成为目前宠物产业中竞争最激烈的赛道之一；下游包含宠物美容、宠物服务等，未来会不断完善并孕育出新的增长点。

作为宠物行业中份额最大的板块，国内宠物食品市场规模及增速在不断增长，而线上渠道的份额也在逐年增加（图4-1，图4-2）。

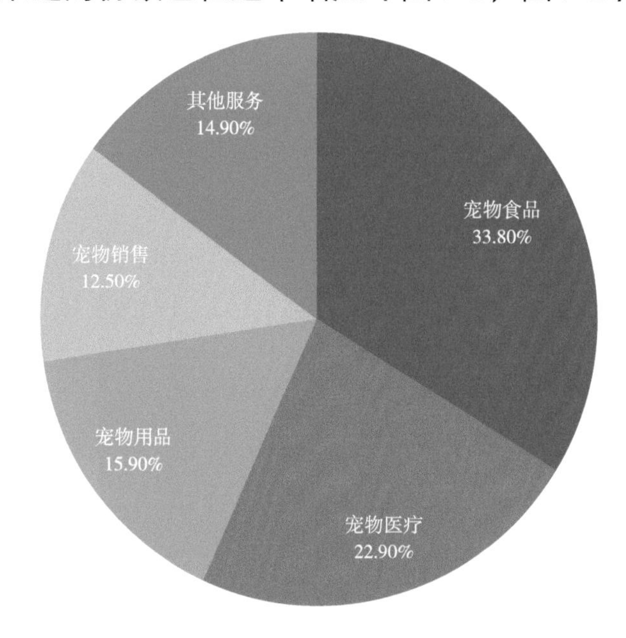

图 4-1　国内宠物行业市场构成

（数据来源：京东大数据研究院）

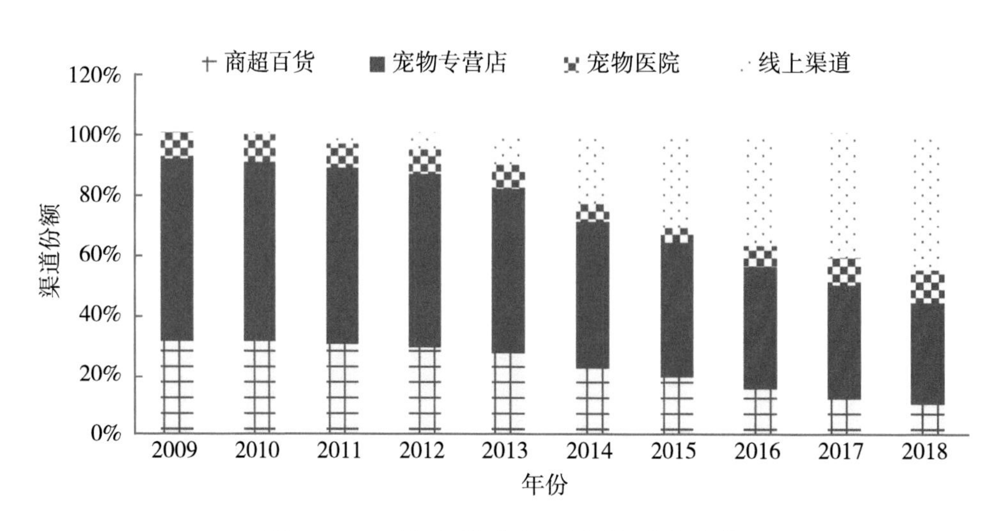

图 4-2　国内宠物食品渠道份额及变化

（数据来源：京东大数据研究院）

二、宠物食品线上消费特征

宠物食品线上市场消费主要集中在华北、华东和华南地区，主要依靠一、二线城市的带动。宠物食品中，主粮占据半壁江山，宠物零食销量逐渐增加，中高端品牌领衔线上宠物食品市场，同时，线上渠道猫经济势头逐渐强劲。犬猫干粮和零食消费呈现此消彼长态势，猫主食罐头类逐渐崭露头角。

三、宠物食品市场消费发展趋势

1. 高端消费诉求明显

随着社会经济发展以及养宠观念的提升，人们愿意支付更高的价格购买质量高、安全和更有营养的宠物食品。相对于高昂的宠物医疗费用，购买高品质的宠物食品以保障宠物生命健康显然性价比更高，其中以猫干粮和零食的高端诉求最为明显。

随着猫经济的增长，宠物主人对猫营养和健康状况越来越重视，营养均衡、蛋白含量更高的主食罐头可能会替代干粮，也将更受到青睐。

当前我国消费者对宠物各年龄段的营养、发育、健康、肥胖、毛色等的关注度持续提升，作为必需品的主粮，满足宠物主人对自己宠物不同年龄段差异化的需求，未来不同年龄段差异化配方也是主粮创新的核心方向之一。从线上销量数据来看，幼龄和成年阶段宠物干粮消费需求量最高，随着时间推移，宠物逐渐老龄化，功能化老年犬粮也可能是未来新的机会增长点。

2. 猫零食产品种类日益丰富，且呈现拟人化风格

随着宠物主人与宠物之间的互动增多，零食呈现多元化又兼具互动性和趣味化，但宠物主人对其功能性同样有较高的诉求，如兼具营养吸收的猫营养餐，补充水分的果冻等细分种类销量增长较快。同时，如棒棒糖、冰激凌等零食产品上市，兼具颜值功能，不断迎合消费者的需求。

第二节　宠物食品行业投融资现状

一、我国宠物食品资本市场概况

2015年国内外资本对中国宠物行业投资只有约4亿元人民币，随着2017年7月和8月佩蒂动物营养科技股份有限公司、烟台中宠食品股份有限公司先

后在深圳证券交易所上市，拉开了宠物食品行业高速增长期的序幕。2017年7月22日，“E宠商城”对外宣布已经获得5 000万美元B轮投资，IDG资本领投。2017年10月26日，法国英维沃集团入资天津金康宝动物医药保健品有限公司，组建“英维沃珍宝（天津）宠物用品有限公司”，股比6∶4，开启了外资企业进入中国宠物食品市场的新模式。2017年12月新希望集团关联厚生资本参与收购澳洲真诚爱宠宠物公司交易额达到10亿澳元（折合50亿元人民币）。

烟台中宠食品股份有限公司、佩蒂动物营养科技股份有限公司、山东路斯宠物食品股份有限公司都属于主营宠物食品公司，三家公司都以宠物零食起家，上市后也都加大开拓主粮业务。在宠物零食细分中，佩蒂动物营养科技股份有限公司的咬胶类零食占比高，山东路斯宠物食品股份有限公司的肉干类在营收中占87.78%，烟台中宠食品股份有限公司则在湿粮、肉干零食、洁齿骨等占比较高。

烟台中宠食品股份有限公司上市以来平均估值56倍PE，佩蒂动物营养科技股份有限公司40倍PE。A股宠物标的高估值主要是因为宠物行业正在蓬勃兴起，具有高成长性，即使在成熟的美国市场，宠物相关标的也能享受到很高的估值。另外，宠物经济作为一种“情感消费”，对抗经济波动的能力较强，资本给予溢价标的。

据宠业家不完全统计，2018年，对外公布具体融资金额有24起，共计15亿元人民币。另外有35起融资事件未披露金额，保守估计2018年融资规模为25亿元人民币，2019年宠物行业吸引资金超42亿元人民币，2020年国内宠物行业融资超61亿元人民币。身为宠物行业主板第一股的烟台中宠食品股份有限公司曾在2019年尝试收购上海福贝宠物用品股份有限公司，然而双方最终未能达成交易。此后，烟台中宠食品股份有限公司转而自力更生，于2020年通过定增募资的方式用于年产6万吨宠物干粮等项目，并于2022年4月8日投产。而上海福贝宠物用品股份有限公司则选择自己冲击IPO，收获了众多资本的加持，据IPO招股书数据显示，该公司2020年的营收达6.64亿元人民币，同比增长了63.99%，归母净利润则高达1.65亿元人民币，同比增长96.47%。2020年主要上市公司的销售情况如表4-1所示。

表4–1　2020年主要上市公司的销售情况

公司代码	公司名称	2020年营收（亿元人民币）	2020年归母净利润（万元人民币）	毛利率（%）	净利率（%）	主要品牌
002891.SZ	烟台中宠食品股份有限公司	22.33	13 488.48	24.70	6.78	Wanpy、中宠、ZEAI、DR.Hao、脆脆香
300673.SZ	佩蒂动物营养科技股份有限公司	13.40	11 482.55	25.51	8.70	齿能、爵宴、好适嘉、Smart Balance、Smart Bones、Tastybone
832419.NQ	山东路斯宠物食品股份有限公司	4.24	3 876.66	21.49	9.32	路斯LUSCIOUS系列
837995.NQ	江西华亨宠物食品股份有限公司	0.88	1 024.50	21.45	11.70	OEM

资料来源：安信证券研究中心。

2021年国内宠物行业融资事件有58起，国外融资事件有28起。其中国内融资过亿元级别的有15起。值得一提的是，国内融资事件中有16起明确披露融资金额，融资总金额超过了35.58亿元人民币；2021年全年国内融资事件比2020年融资事件多了19起（表4–2）。

表4–2　2020年宠物服务领域典型投资时间列表

时间	公司名称	轮次	金额	投资方
2020/8/14	武汉研欣生物科技有限公司	天使轮	1 000万元人民币	青松基金，尚承投资
2020/6/18	光橙（上海）信息科技有限公司	战略投资	6 000万美元	未透露
2020/4/3	深圳市豆柴宠物用品有限公司	A轮	数千万元人民币	金鼎资本
2020/7/15	江苏吉家宠物用品有限公司	C+轮	4 000万元人民币	国盛富瑞
2020/1/21		战略投资	未透露	伊利集团
2020/3/26	上海竑宇医疗科技有限公司	A轮	3 000万元人民币	中信产业基金，醴泽基金

（续表）

时间	公司名称	轮次	金额	投资方
2020/3/16	北京宠物梦想家商贸有限公司	A轮	未透露	东方控股
2020/7/15	杭州帕特诺尔宠物有限公司	天使轮	1 000万元人民币	金鼎资本
2020/9/1	深圳市小萌宠物科技有限公司	Pre-A轮	数千万元人民币	阿米巴资本，启尚资本
2020/9/18	上海佩奇网络科技有限公司	C+轮	数千万美元	启明创投，GGV纪源资本，坤言资本等
2020/3/28	北京点滴贴士网络科技有限公司	Pre-A轮	未透露	梅花创投
2020/9/29	新瑞鹏宠物医疗集团有限公司	战略投资	数亿美元	腾讯投资等
2020/8/31	青岛知宠百科科技有限公司	种子轮	数百万元人民币	天峰投资

数据来源：IT 桔子，截至 2020 年 10 月 15 日。

二、2021 年国内宠物食品融资事件

2021年宠物食品领域获得投资17起、宠物用品领域16起、宠物医疗领域13起、宠物线下门店6起、宠物服务及其他领域6起。在宠物食品领域获得融资最多的是上海宠幸宠物用品有限公司在2021年5月25日宣布完成的B+轮4亿元人民币融资，轮融资由腾讯投资和凯辉基金联合领投，B轮老股东跟投；在获得融资两个月之后，上海宠幸宠物用品有限公司又宣布完成由详峰资本投资的2亿元人民币B++轮融资。杭州帕特诺尔宠物有限公司在2021年5月也宣布获得了A轮、A+轮两轮融资，其中A轮近千万美元、A+轮数千万元人民币。杭州望妙生物科技有限责任公司（高爷家）于2021年9月27日宣布完成由金鼎资本领投的5 000万元人民币A轮融资，据了解该轮融资将用于新品研发、渠道拓展以及工厂建设。山东帅克宠物用品有限公司于2021年11月8日宣布完成由朝云集团6 690万元人民币投资，双方在宠物食品研发、

生产、供应链、资本市场等进行战略合作。深圳市红瑞生物科技股份有限公司（红狗）于2021年1月27日宣布完成国内首轮2亿元人民币融资；黑米先生（北京）科技有限公司于2021年2月8日宣布完成天使轮融资；杭州吾尾科技有限公司（尾巴生活）于2021年4月20日的三周年庆典上宣布完成新一轮融资；北京中科益生科技有限公司于2021年6月22日获得数百万元人民币种子轮融资；上海毛星球宠物食品有限公司2021年于6月25日宣布完成数千万元人民币Pre-A轮融资；宠爱（福建）生物科技有限公司于2021年7月21日宣布完成近千万元天使轮融资；广州豆腐投资咨询有限公司（法贝滋）于2021年8月5日宣布完成近千万元人民币种子轮融资；湖畔小爪（杭州）宠物科技有限公司（它赞）于2021年9月6日宣布完成近千万元人民币天使轮融资；天津朗诺宠物食品有限公司于2021年9月6日宣布完成新瑞鹏宠物医疗集团的首轮投资；上海俏贝丽宠物用品有限公司于2021年11月24日宣布完成400万美元天使轮融资；山东凯锐思动物营养有限公司于2021年11月30日宣布完成A轮数亿元人民币融资；杭州纯真宠物食品集团有限公司于2021年12月18日宣布完成近千万元人民币天使轮融资。

山东省或许成为国内拥有上市企业最多的地区，据公开信息，山东省乖宝宠物食品集团股份有限公司两轮融资9亿元人民币，投资方包括KKR、君联资本、兴业银行、兴业资管等中外投资机构。还有刚刚在北京证券交易所上市的山东路斯宠物食品股份有限公司，再加上烟台中宠食品股份有限公司，资本市场上的山东宠物食品企业有望达到3家。

三、资本的两面性

资本在助推宠物经济崛起的同时，我们也要清醒地认识到资本的残酷性。首先，资本的投资方式通常分为两类，一类资本是和产业共同发展，通过收购或入股优质企业，他们更多希望通过参与产业链全过程帮助行业发展，做产品，做质量，是长期持有的计划。而相当一部分资本是快速变现的思路，不靠产品本身产生的利润赚钱，而是不计成本的扩张，即便是亏损状态下也要追求把市场规模和盘子做大，进入二级市场后套现获利。一些企业融资后，通常会和资本方签署对赌协议，如果没有完成协议的要求，企业创始人往往会失去公司的实际控制权，企业会发生巨大的变化。

另外，投资有风险，失败的案例也不少。据IT桔子统计数据显示，截至2020年11月25日，宠物消费领域已关停倒闭的47个死亡样本中，其中34家公司涉及资金链问题而死亡，26家公司与现金流断裂相关，16家公司死亡原因与行业竞争相关。存续时间分布方面，当前存续时间在3年左右死亡的企业数量最多（表4–3）。

表4–3 部分企业融资失败及原因

名称	简介	成立时间	地点	工商状态	死亡原因
北京壹蒙莎美容美体有限公司	宠物活体交易平台	2015–05	北京–朝阳区	注销	资金链问题、行业竞争
深圳养宠无忧宠物服务有限公司	养宠用户社区类、服务类应用	2011–12	广东–深圳	注销	商业模式匮乏
蛙觉物联科技（北京）有限公司	宠物服务的在线网络	2012–02	北京–海淀区	注销	资金链问题、现金流断裂
上海灿通文化传播有限公司	宠物社区O2O平台	2014–10	上海–静安区	注销	现金流断裂、营销不足
爱狗团（湖北）科技有限公司	宠物狗交易平台	2014–10	湖北–武汉	注销	现金流断裂、营销不足
上海萌宠信息科技有限公司	宠物一站式服务App	2014–08	上海–闵行区	注销	资金链问题、现金流断裂
上海遛遛宠物用品有限公司	基于宠物的移动社交应用	2014–09	上海–徐汇区	注销	资金链问题、现金流断裂
闻闻窝（北京）科技有限公司	宠物视角的图片分享应用	2013–01	北京–朝阳区	注销	现金流断裂、营销不足
北京爱宠联盟科技有限公司	基于宠物的移动社交应用	2013–08	北京–丰台区	注销	资金链问题、现金流断裂

第五章

宠物食品标准发展概况

第一节 宠物食品标准发展现状

我国宠物食品产业起步相对较晚，在培育与发展理念主导的前提下，规范与标准制订工作更加滞后，宠物食品标准化工作目前还处于发展上升阶段。

一、基本情况

宠物行业形成了从宠物食品、宠物医疗到宠物服务越来越细化的分类，其中占比最重的宠物食品行业更是发展的重中之重，迫切需要有相应标准体系来规范生产。

无论从产业领域还是从监管职责看，宠物食品与其他饲料产品一样均属于饲料工业产业领域，由农业行政主管部门负责监管。为加强宠物食品管理，规范宠物食品市场，2018年农业农村部制定了《宠物饲料管理办法》《宠物饲料生产企业许可条件》《宠物饲料标签规定》《宠物饲料卫生规定》等一系规范性文件，从制度上保障了宠物食品行业的有序发展。

二、组织管理机构建设情况

《中华人民共和国标准化法》第五条规定“国务院标准化行政主管部门统一管理全国标准化工作。国务院有关行政主管部门分工管理本部门、本行业的标准化工作。”宠物食品标准是饲料工业标准体系的重要内容。宠物食品标准化管理部门与饲料工业标准化的管理部门一样，也是市场监督管理总局、国家标准化管理委员会和农业农村部，由全国饲料工业标准化技术委员会技术归口。近年来，我国对标准化工作高度重视，先后出台了《国务院关于印发深化标准化工作改革方案的通知》（2015年）、《中华人民共和国标准化法》（2017年）、《全国专业标准化技术委员会管理办法》（2017年）、《强制性国家标准管理办法》（2019年）、《团体标准管理规定》（2019年）、《国家标准化发展纲要》（2021年）等一系列重要文件。

1986年，我国成立全国饲料工业标准化技术委员会，专业领域为饲料工业标准化，具体负责饲料工业国家标准、行业标准制定和修订工作，对口国际标准化组织食品技术委员会动物饲料分委员会，秘书处设在全国畜牧总站、中国饲料工业协会。

宠物食品标准的研制、宣贯、实施的全过程均与饲料工业标准体系密不可分，宠物食品标准从属于饲料工业标准化体系。宠物食品标准同样由全国饲料工业标准化技术委员会负责制定和推进。考虑到宠物食品的特殊性和管理需要，在2011年组建了宠物饲料标准化工作组，2022年组建成立了宠物饲料分技术委员会。

三、饲料工业标准体系建设

在我国饲料工业发展初期，饲料标准化工作重点在基础性标准、饲料原料类标准及饲料添加剂产品标准上，全国饲料工业标准化技术委员会先后制定了GB/T 10647—1989《饲料工业术语》（已废止）、GB/T 20411—2006《饲料用大豆》等39项原料标准及GB 7298—2017《饲料添加剂 维生素B_6（盐酸吡哆醇）》等30多项饲料添加剂产品标准。20世纪90年代后，重点突出饲料工业基础管理、质量卫生标准及检测方法等饲料安全监管标准的制定。1991年、1993年，我国先后完成GB 13078—1991《饲料卫生标准》（已废止）、GB 10648—1993《饲料标签》（已废止）两项重要的强制性国家标准的制定。进入21世纪后，饲料工业标准化进入快速发展期，2008年，我国饲料质量安全标准体系建立，加速了我国饲料标准制定和修订速度。同时，国家加大了对药物检测方法标准、饲料添加剂产品标准的投入，极大地推动了饲料工业标准化工作。经过30多年的发展，我国基本形成了以国家标准、行业标准为主导，以地方标准、团体标准为补充、企业标准为基础，覆盖饲料生产全过程，符合我国饲料生产实际，与国际接轨的科学、完善、统一、权威的饲料工业标准体系。这些标准包括基础通用、检测方法、评价方法、饲料原料、饲料添加剂、饲料产品等类型。而宠物食品的原料、添加剂、生产工艺、产品配方与其他动物饲料有一定的同质性，因此，其中的大部分检测方法标准、饲料添加剂标准、饲料原料标准也适用于宠物饲料。

四、宠物食品标准体系建设

宠物食品行业属于新兴行业，发展快，市场化程度高，但起步相对较晚，细分市场规模小。近几年宠物食品产业化、规模化趋势不断清晰，行业对标准的需求越来越大，亟待成立专门的标准化组织，持续跟踪宠物食品标准需求、科学主导标准立项、引导产出高质量标准。

我国宠物食品最初依据的都是饲料工业标准，经逐步发展也出现了专门的宠物食品标准。相对畜禽水产饲料标准化工作，宠物食品标准化工作相对滞后，其发展尚处于初级阶段，其标准体系正在逐步建立完善。鉴于宠物与普通畜禽水产动物的养殖目的及方式不一样，宠物不进入食物链等原因，宠物食品的配方组成及加工要求也与普通的畜禽水产饲料差异较大，质量标准也大不相同。宠物食品标准应需而生，构建专门宠物食品标准体系已愈加迫切。

目前我国仅有8项宠物食品标准，5项现行标准：GB/T 22545—2008《宠物干粮食品辐照杀菌技术规范》、GB/T 23185—2008《宠物食品　狗咬胶》、GB/T 31216—2014《全价宠物食品　犬粮》、GB/T 31217—2014《全

价宠物食品　猫粮》和GB/T 39670—2020《宠物饲料中硝基呋喃类代谢物残留量的测定　液相色谱—串联质谱法》。

在研国家标准和行业标准有《宠物饲料卫生标准》《宠物饲料标签》和《挤压膨化宠物犬、猫饲料生产质量控制技术规范》。

宠物添加剂预混合饲料和其他宠物食品（狗咬胶除外）标准尚处于空白状态，农业农村部《饲料原料目录》和《饲料添加剂目录》中规定的宠物专用的“动物内脏”等原料和“硫酸软骨素”等添加剂也缺乏相应标准。

（1）宠物食品国家、行业标准情况

国际贸易和市场规范的需求成为宠物食品国家标准、行业标准产生的重要驱动力。进入21世纪以来，我国宠物食品开始大量进口，咬胶类产品也出现较大数量的出口，急需相应的标准作为技术支持。2008年，我国制定发布了《宠物食品　狗咬胶》国家标准，及时为狗咬胶产品的出口提供技术支持。考虑宠物食品特殊性和管理需要，2011年，全国饲料工业标准化技术委员会组建宠物饲料标准化工作组，专门负责宠物食品标准工作，宠物食品标准建立工作力度得到进一步强化。2014年，我国制定并发布了《全价宠物食品　犬粮》《全价宠物食品　猫粮》两项重要的宠物食品国家标准，这两项标准的发布，为国内宠物食品企业规范生产提供了重要参考。2022年3月，国家标准化管理委员会正式批复成立全国饲料工业标准化技术委员会宠物饲料分技术委员会，加速了我国宠物食品的标准化进程。

（2）宠物食品团体标准情况

团体标准研制为宠物食品标准提供了新途径。团体标准可快速灵敏反映市场需求，可对国家标准、行业标准研制形成先行探索和互补，可给予企业研制高于国家标准的创新性标准，对宠物食品标准研制也提供了更多路径。

新修订的《中华人民共和国标准化法》第十八条规定：“国家鼓励学会、协会、商会、联合会、产业技术联盟等社会团体协调相关市场主体共同制定满足市场和创新需要的团体标准，由本团体成员约定采用或者按照本团体的规定供社会自愿采用。”2019年1月，国家标准化管理委员会、民政部关于印发《团体标准管理规定》。团体标准制定引起了社会各界的广泛关注。近年，宠物食品（行业）发展迅速，标准相对需求量大，国家标准、行业的制修订速度远远不能满足行业发展的需求，团体标准作为国家标准行业标准的补充应声而生。各类新兴的宠物食品社会组织纷纷响应，积极加入团体标准的制定队列，开展宠物食品团体标准制定工作。据不完全统计，截至目前，各类社会组织发布的宠物食品团体标准共5项。2021年，中国饲料工业协会发布立项两批团体标准，其中涉及宠物食品专用标准9项。

（3）宠物食品企业标准情况

企业标准《宠物饲料管理办法》第五条明确规定“宠物食品生产企业应当按照产品质量标准组织生产”这要求生产企业必须制定自己的企业标准。目前，我国200多家取得饲料生产许可证的犬、猫宠物食品生产企业均制定了企业标准。

第二节　构建我国宠物食品标准体系

一、发达国家宠物食品标准情况

美国和欧盟由于长期的经济发展和文化积淀，其宠物食品生产环节和产品质量均形成了完善的技术标准体系。如美国FDA对宠物食品标签、包装制定了详细的管理规定；美国饲料管理协会（AAFCO）制定了宠物食品标准，美国国家研究委员会（NRC）也制定了宠物营养的标准；欧盟将宠物食品管理纳入了动物饲料管辖范围，参照动物饲料法规积极监管，制定了宠物营养标准（FEDIAF），消费者对标准框架体系成熟、监管严格的进口产品的信任程度较高。

二、我国宠物食品标准化存在的问题

与发达国家经验模式相比，虽然我国宠物产业发展迅猛，但是宠物食

品标准化工作还存在诸多短板。

1. 部分饲料工业国家标准不适用于宠物食品

由于宠物食品卫生要求与普通的畜禽水产饲料不一样，现行《饲料卫生标准》和《饲料标签》两项强制性国家标准，并不适用于宠物食品。急需制定《宠物饲料卫生标准》《宠物饲料标签》两项强制性国家标准。《宠物饲料管理办法》第四条规定“宠物饲料生产企业应当按照有关规定和标准对采购的饲料原料、添加剂预混合饲料和饲料添加剂进行查验或者检验”，但由于饲料工业标准工作起步较早，相当一部分饲料检测方法在制定时，未考虑宠物食品的特殊性，不能满足宠物食品的检测需求，急需修订。

2. 宠物食品标准研制速度严重滞后于行业需求

2018年，中华人民共和国农业农村部发布了第20号、21号、22号公告，相继出台了一系列宠物食品管理规定。在实际生产中，行业可遵循、监管可参照的与法规相配套的宠物食品产品、宠物添加剂预混合饲料、宠物专用饲料原料、宠物专用饲料添加剂等方面的标准缺口很大，其他宠物食品（狗咬胶除外）中的罐头、营养膏、冻干宠物食品等宠物食品标准尚处于空白状态。如：农业农村部《饲料原料目录》和《饲料添加剂目录》中规定的宠物专用食品原料和宠物专用食品添加剂都没有相应的标准。

3. 团体标准制定欠规范

目前，制定宠物食品团体标准的社会组织很多，但部分社会团体与宠物食品行业关联性不大，专业性不强，制定出的团体标准与法规衔接配套性较差；不同的社会组织各自为政，制定的团体标准与国家标准、团体标准之间不协调。

4. 部分宠物食品企业标准化意识较差

目前，部分宠物食品企业，由于缺少相应的技术人员，起草制定自己的企业标准有困难，同时，也无相关的国家标准行业标准可参考引用，存在无标生产现象，产品质量难以保证。一定程度上，也导致我国宠物主粮市场缺乏高端的民族品牌。

三、坚持需求导向，构建宠物食品标准体系

放眼未来，我国宠物食品是发展迅猛的新兴热点产业，但企业水平差异较大、品牌效益不强、质量良莠不齐，非常有必要以标准为手段对产业进行规范和指导，健全完善宠物食品标准体系，这将有利于规范宠物食品生产、保障产品质量安全、促进宠物食品行业乃至宠物产业高质量发展，树立行业健康声誉和良好形象。

因此，应按照《国家标准化发展纲要》总体要求，在目标上，坚持需求导向、适度前瞻、国际对接、分类推进，尽快建立完善符合产业实际和发展需求的宠物食品标准体系；在路径上，以饲料工业标准体系为基础，突出宠物食品的特殊性，坚持以国家标准、行业标准为引领，团体标准为主导，地方标准为补充，企业标准为基础，逐步构建结构合理、层次分明、协调配套、重点突出，具有前瞻性的宠物食品标准体系；在工作重点上，围绕宠物食品安全质量，聚焦针对可能对人类、动物和自然环境的安全构成的危害因素，优先完善宠物食品产品、宠物专用食品原料、宠物专用食品添加剂、宠物食品安全卫生及检测方法等标准，探索建立宠物食品标准体系。

第六章

河北省邢台市南和区宠物产业发展现状

第一节　南和宠物产业发展现状分析

南和区（2020年6月前为南和县）围绕创建“中国宠物产业之都”的目标，紧盯行业市场的广阔前景，对全区宠物产业发展进行了系统规划，主要是实施“一二六”战略：“一”是建好一个核心区，以华兴宠物食品有限公司为中心，打造集食品、用品、美容、寄养、主题乐园于一体的宠物嘉年华，打造全链条的宠物产业生态圈；“二”是完善南北两个孵化园建设，利用天金工业园区和三思园区闲置、低效企业厂区以及较为完善的热能供应网络，引导中小型宠物企业有序入驻发展，实现集群式发展；“六”是推进6个基地建设，按照宠物产业全产业链发展规划，打造宠物食品、用品、商贸服务、文化主题、繁育、产品检测6个专项基地建设。区委、区政府提出，到2020年区域宠物产业要实现“四个100”目标：即全区规模化、标准化宠物食品企业达到100家以上，宠物食品总产量达到100万吨以上，宠物产业相关企业达到100家以上，宠物产业总产值达到100亿元以上，全力打造税收超亿元的宠物产业航母。

一、宠物产业发展情况

南和区共有宠物用品生产、活体繁育、医疗服务、原料供应等各类关联企业450余家，从事宠物产品电商销售人员达到2 000余人，网上销售额20多亿元。初步形成了“以粮食供应为基础，以宠物食品为主导，以食品用品生产、销售、医养服务、文旅产业开发于一体”的一核三链条式的发展格局。

二、宠物食品产业发展情况

全区现有宠物食品生产企业47家，年产值123亿元，带动3万余人就业，培育了华兴宠物食品有限公司和河北荣喜宠物食品有限公司两家全国十强企业。华兴宠物食品有限公司获评“国家级农业产业化重点龙头企业”，旗下“奥丁”商标被评为中国驰名商标。2017年南和区被中国农业国际合作促进会宠物产业委员会授予“中国宠物食品之乡”称号。南和区已连续五年举办“中国·南和宠物产业博览会”，累计达成交易额180多亿元，在业内具有较高的知名度。

三、平台建设情况

南和区规划建设了“一核两区”3个宠物产业园区，总面积6.1平方千米。“一核”，即打造占地1 665亩的宠物嘉年华，集会展中心、生产基地、创业服务、商住贸易、休闲旅游为一体的宠物产业核心区。“两区”，即借原有玻璃园区和板材园区淘汰落后产能机遇，打造了两个总面积5平方千米的宠物产业园区，建设宠物食品用品生产、产品交易、原料加工、仓储物流、小微企业宠物产品生产、清洁能源生产等综合性宠物园区。通过“一核两区”战略平台建设，让宠物产业相关项目实现便捷式“拎包入住”。项目建成后，将新增年产18万吨宠物食品、6万吨饲料用油、3万吨宠物湿粮、1.5万吨宠物零食+功能粮、700吨宠物保健品等，产值将超百亿元。

四、政策扶持情况

前两年南和区编制了《南和区宠物产业发展专项规划（2018—2022年）》，经邢台市政府常务会议通过，作为指导产业发展的指南；又先后出台了《加快宠物食品产业发展的实施意见》《加快宠物园区建设的若干意见》《宠物产业发展专项规划》《关于促进宠物产业规范提升的意见（试行）》等一揽子政策文件，明确将宠物产业作为全区唯一的主导产业加以扶持，着力推动高质量发展。

2019年，面对宠物产业发展形势的持续向好和市场竞争压力的不断加大，南和区委、区政府出台了《关于进一步支持宠物产业发展壮大政策30条》，从强化政府服务职能、降低企业发展成本、增加融资渠道、产业链延伸、加强推介、提高产业能级、鼓励外贸出口和规范行业发展等方面提出了具体的激励措施。为实现“世界宠物产业看中国，中国宠物产业看南和”的战略目标而奋斗。

第二节　中国宠物产业南和指数

由中国农业科学院饲料研究所牵头，联合农业农村部信息中心、中国农业科学院农业信息研究所、南和区人民政府4家单位联合发起制定“中国宠物产业南和指数”，该指数涵盖2019年以来南和地区犬粮价格指数、猫粮价格指数、原料价格指数和猫砂指数等，是国内第一家宠物产业的专业性指数，该指数于2021年7月在中国农业信息网正式上线。

一、南和指数大数据平台（图6-1）

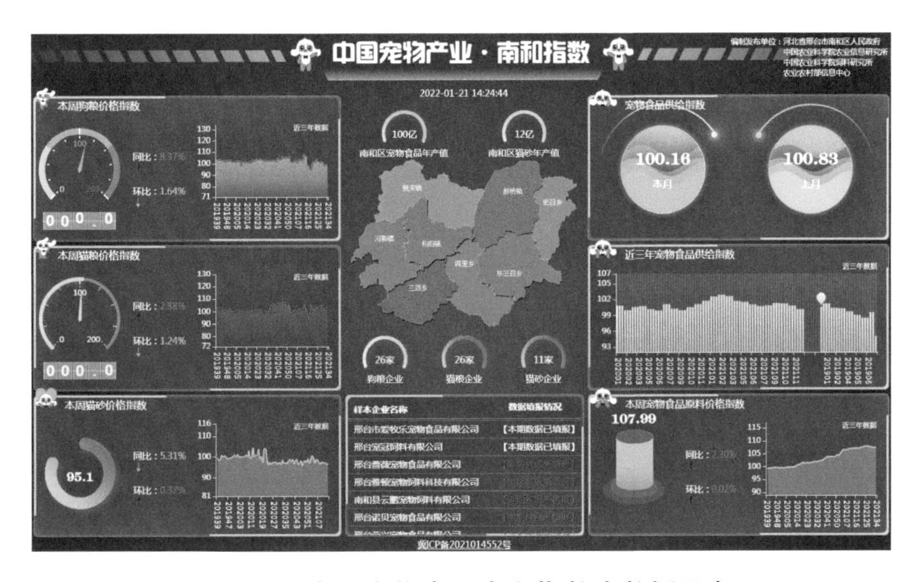

图6-1　中国宠物产业南和指数大数据平台

二、犬粮价格指数

2019年犬粮价格指数维持在100～105，第28～32周较低，在100以下，但很快回升并保持稳定，年中较低，全年总体较为平稳（图6–2）。

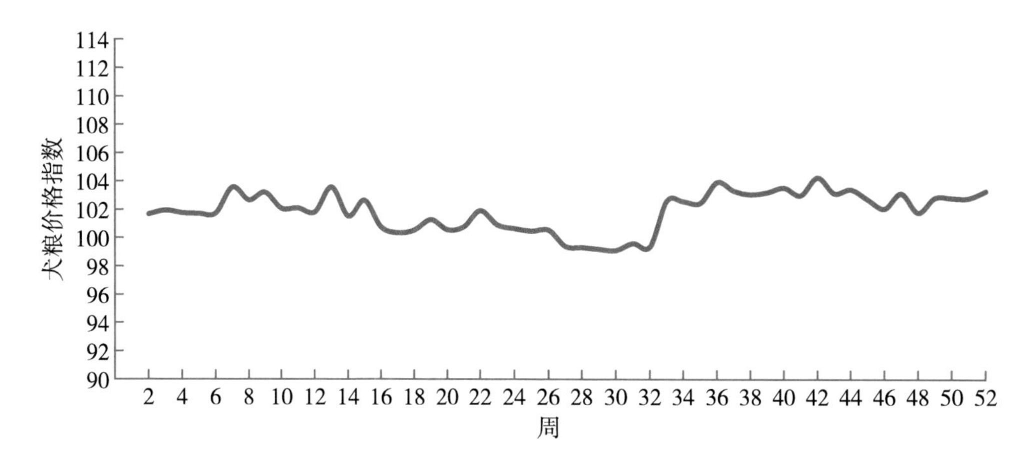

图 6–2　南和指数——2019 年犬粮价格指数

2020年犬粮价格指数在第9周时最低，且在100以下，第10周回升，并保持平稳略有上升，到最后几周，已上升到105以上，年初较低，年中及年底略有上升，总体较平稳（图6–3）。

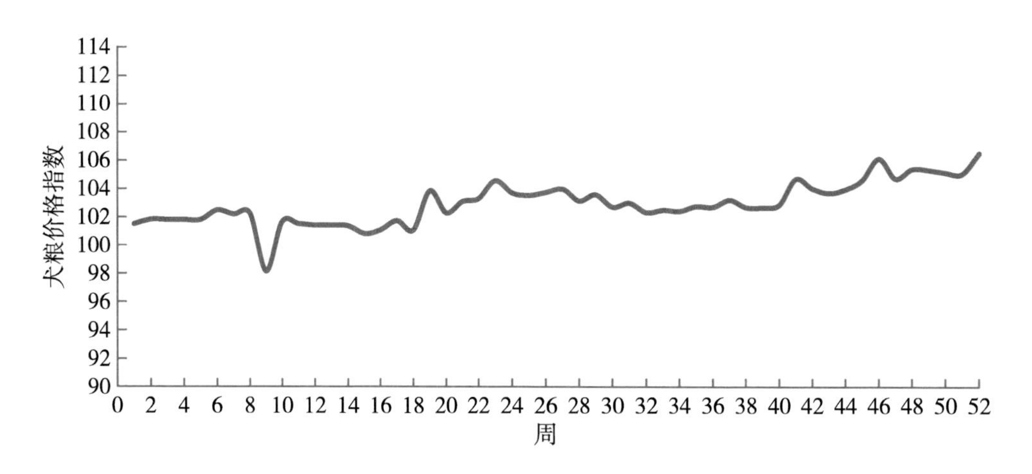

图 6–3　南和指数——2020 年犬粮价格指数

2021年犬粮价格指数起伏较大（图6–4），第13～19周，持续下降，跌至95左右，但很快回升，保持较小幅度升降。第37～38周迅速回升，但紧接着急速下降，第39周环比下降11.5%，第40周跌至全年最低值，在93左右，同比下降11.2%，环比下降11.6%。第41周开始上升，第42周环比增加

11.4%，继续增加直到第43周，犬粮价格指数上升至111左右，此后维持在100～105范围内，略有回升，第52周时同比增长11.4%。

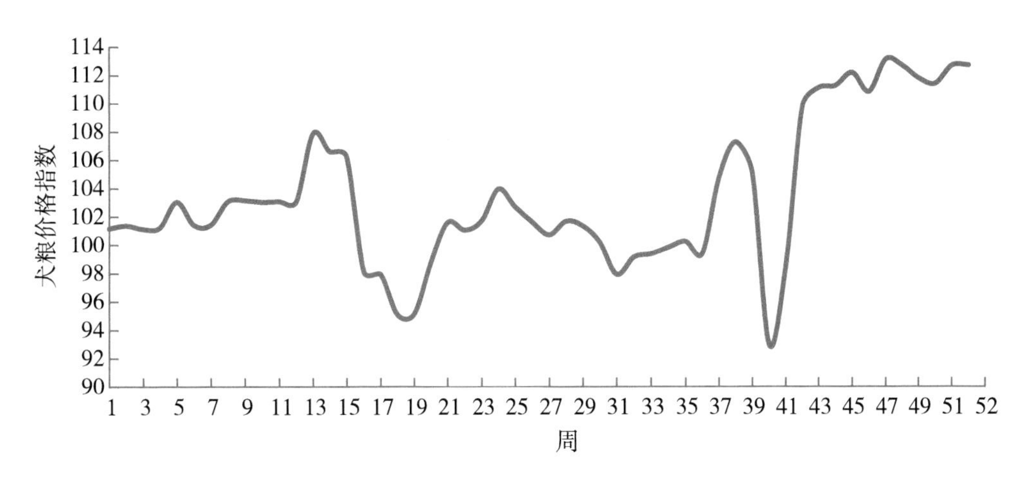

图 6-4　南和指数——2021 年犬粮价格指数

三、猫粮价格指数

2019年猫粮价格指数在100～105内保持较为平稳的水平，第32周最低，低于100，其余均在100以上，全年较平稳（图6-5）。

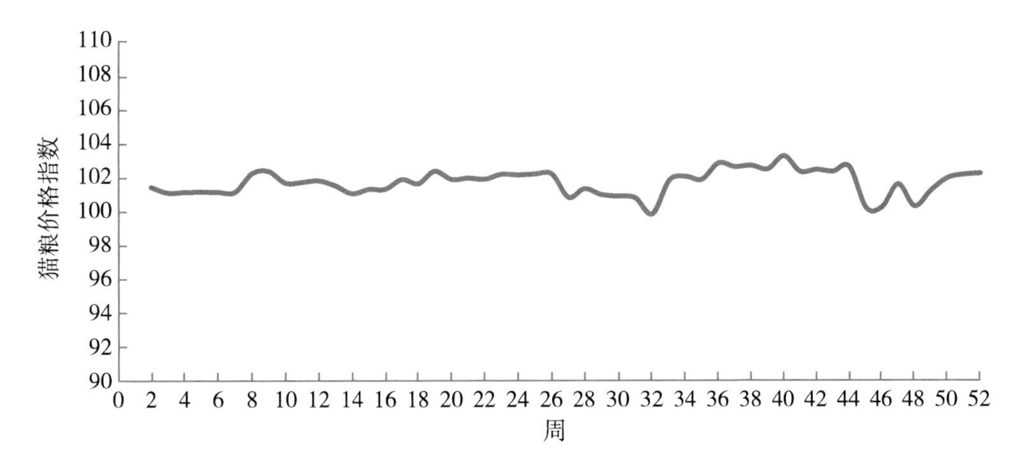

图 6-5　南和指数——2019 年猫粮价格指数

2020年猫粮价格指数上半年较低且平稳，第1～34周维持在100左右，但第35周开始上升，并始终维持在105以上，上升后也处于较为稳定的状态（图6-6）。

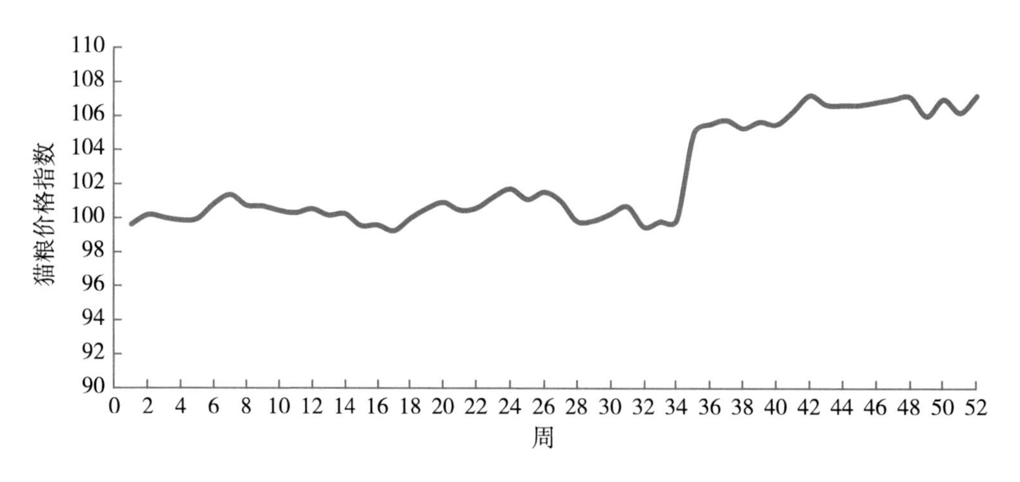

图 6–6 南和指数——2020 年猫粮价格指数

2021年猫粮价格指数起伏较大，第16周开始下降，直到第18周均维持较低水平，第19周开始攀升，环比增加12.1%，回到下跌前水平，并维持在100～105内，直到第34周。第35周跌至100以下，第36周开始回升，此后振幅仍较大，第40周达到最高点，仍有回降和较小幅度升高（图6–7）。

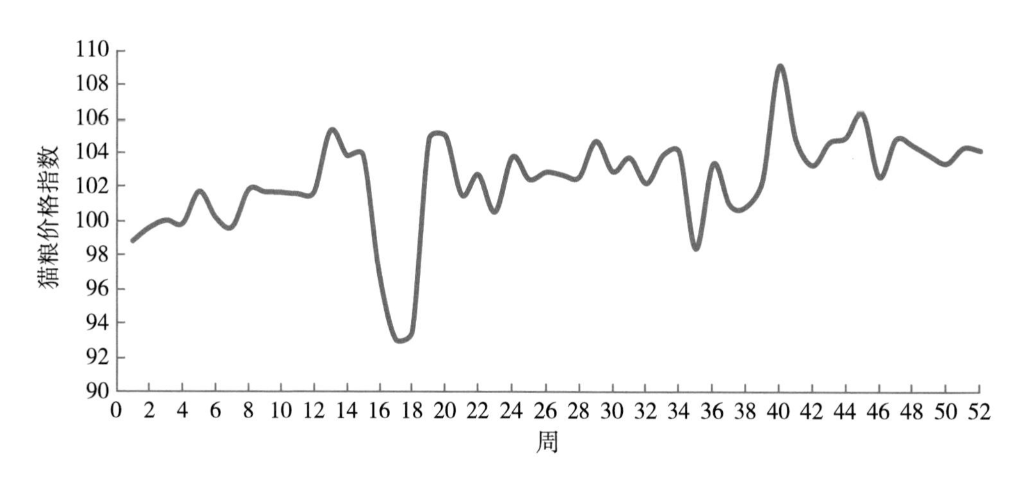

图 6–7 南和指数——2021 年猫粮价格指数

四、原料价格指数

2019年犬猫粮原料价格指数维持在100以下，前16周持续降低，但降幅极小，为1.0%，17周开始持续回升，到第52周时，回到年初水平（图6–8）。

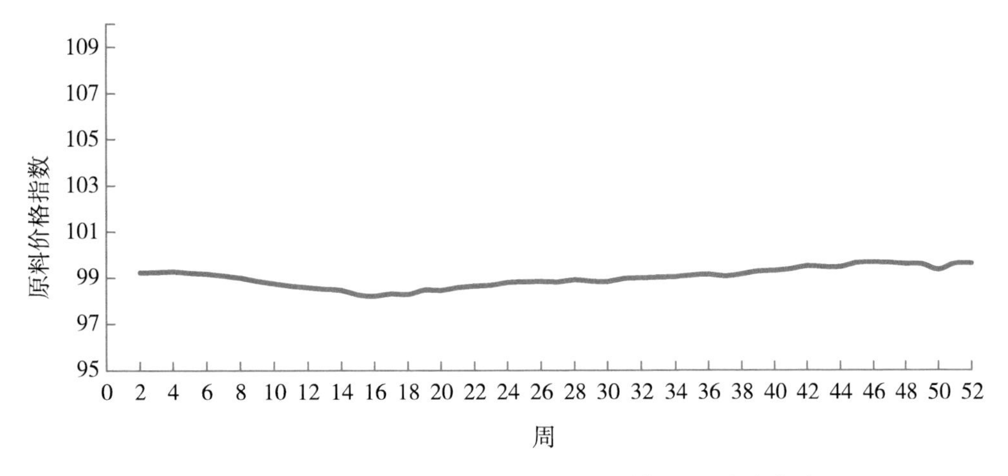

图 6-8　南和指数——2019 年犬猫粮原料价格指数

2020年犬猫粮原料价格指数持续上涨，涨幅为5.2%，从年初99.46，年底上涨到接近104.59（图6-9）。

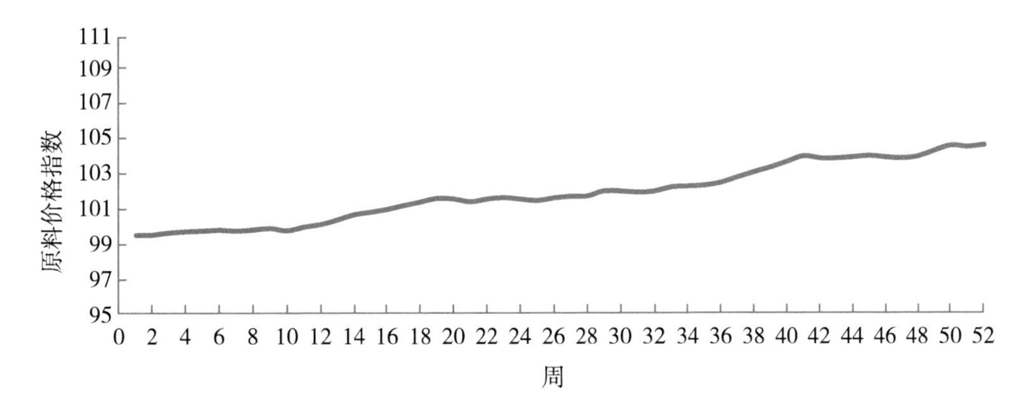

图 6-9　南和指数——2020 年犬猫粮原料价格指数

2021年犬猫粮较为平稳，第1～2周在105.3左右，第3～10周在106.6左右，第11～52周基本维持在107.5左右，最高点在第52周，为108.1，这个阶段较为平稳，无明显波动（图6-10）。

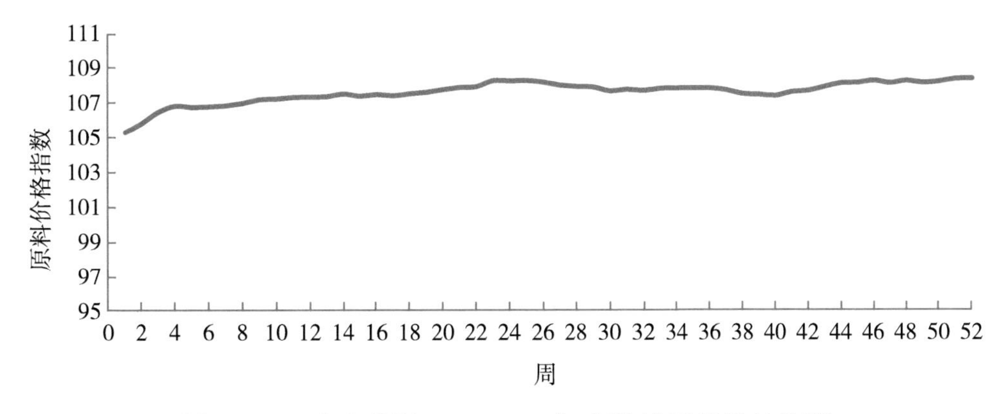

图 6-10　南和指数——2021 年犬猫粮原料价格指数

五、猫砂价格指数

2019年，猫砂价格指数最高点在第20周，为105.8，从第1～19周，基本维持在101.8左右，第11周较高，为102.8，第12周稍低，为100.1，其余周较为平稳。第21～52周，除了第41周最低为98.4和第42周较低为98.8以外，其余较为平稳，维持在100.7左右（图6-11）。

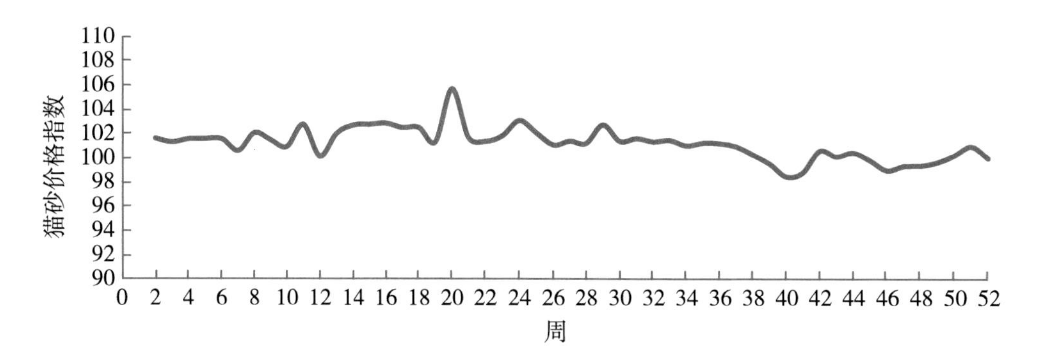

图 6-11 南和指数——2019 年猫砂价格指数

2020年猫砂价格指数，波动较大，第1～9周较为平稳，始终维持在100.4左右，第9周上升至102.8后，开始出现较大波动，第9～21周在99.9～103.6波动，波幅较大，最高点出现在第20周，为103.9。第22周开始下降至100以下，并始终在96.5～99.0起伏，指数不平稳有波动，在均值为97.4（图6-12）。

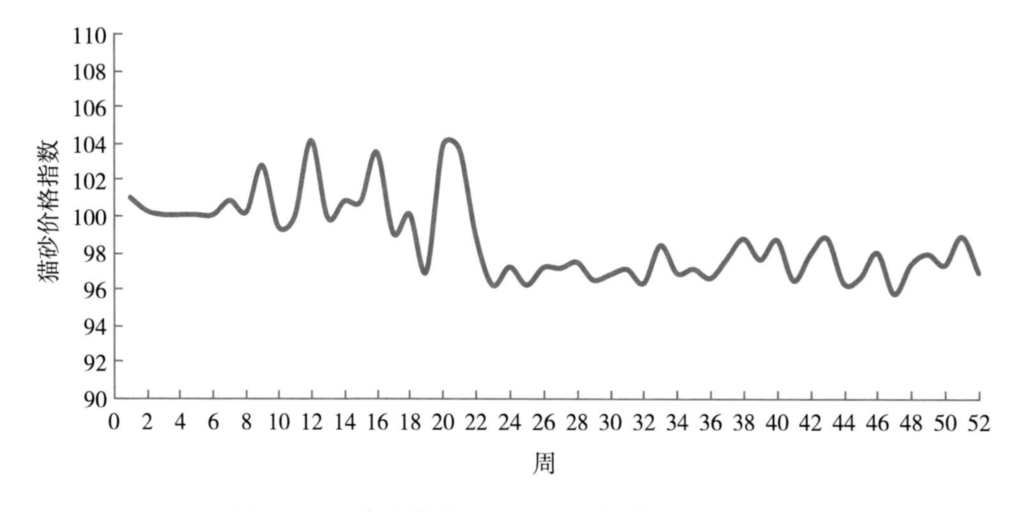

图 6-12 南和指数——2020 年猫砂价格指数

2021年猫砂价格指数较为平稳，仅在第1～6周处于较高位置，约为

98.7，从第7～41周，较为平稳，维持在96.2左右，在第42周降至最低点后，很快回升，并保持平稳，始终维持在95.6左右。相对于2019年和2020年，2021年猫砂价格指数总体较为平稳（图6-13）。

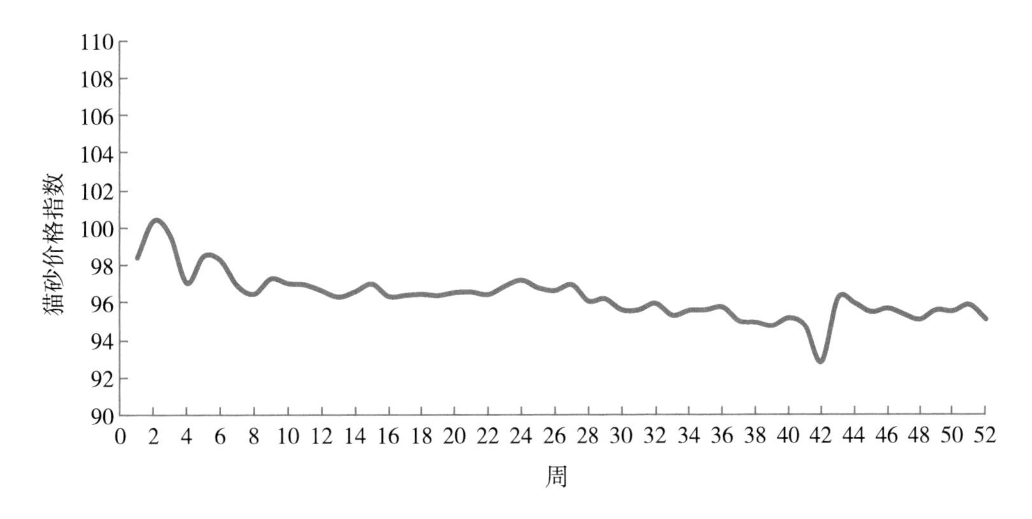

图 6-13　南和指数——2021 年猫砂价格指数

六、供给指数

2019年供给指数，总体先下降后上升，1月最高，为101.2，此后开始持续下降，到6月时最低，为98.5，从7月开始上升，在9月时略有下降，之后持续上升，到12月时，已回复至年初2月水平（图6-14）。

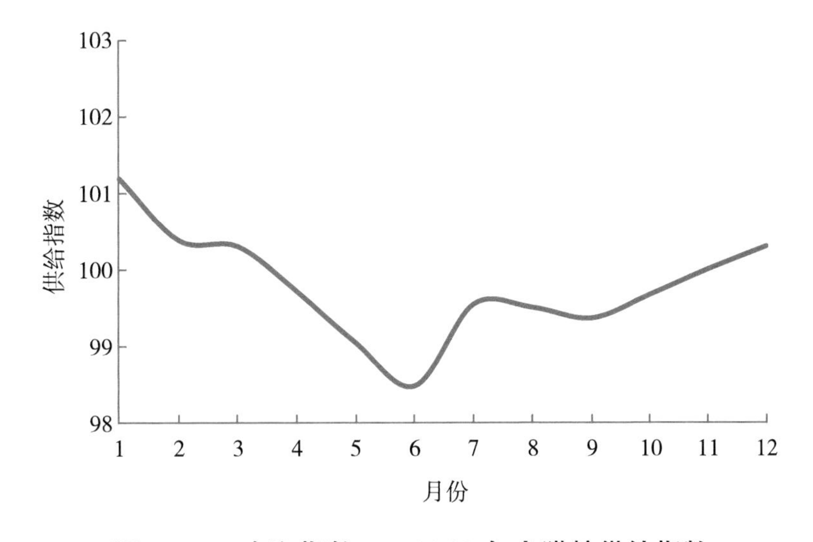

图 6-14　南和指数——2019 年犬猫粮供给指数

2020年供给指数波动较多，1—11月，基本在99.9～100.9起伏，2月、

6月和9月处于较低点，最低点出现在6月，1月、4月、7月和11月处于较高点，但12月最高，为101.7（图6-15）。

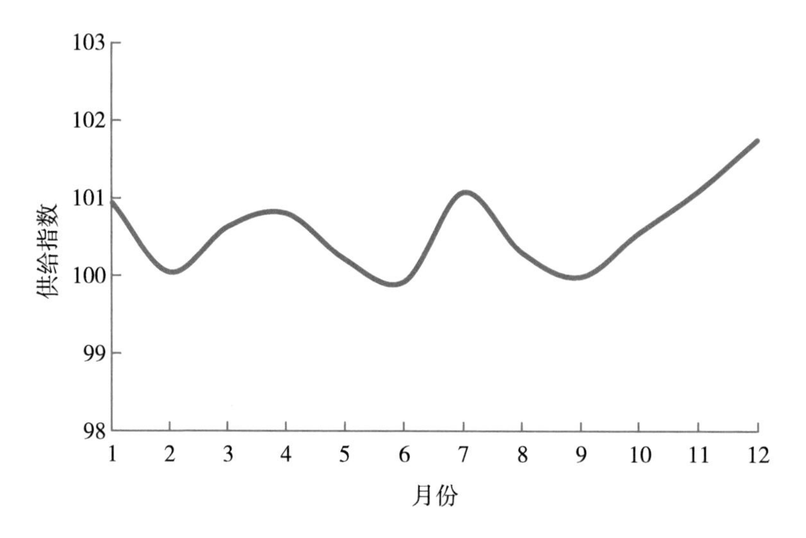

图 6-15 南和指数——2020 年犬猫粮供给指数

2021年供给指数呈下降趋势，1—3月维持在较高位置，为102.7左右，此后维持在102.0以下，4月降至101.7，之后持续下降，到9月略有回升，继续下降，最低点出现在12月，为100.2（图6-16）。

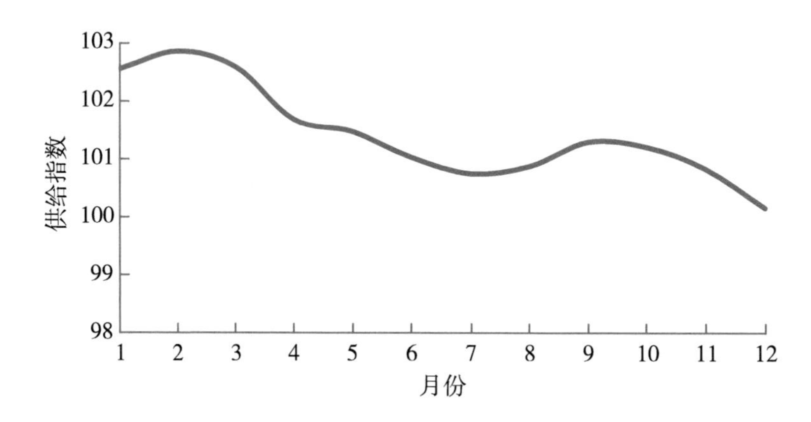

图 6-16 南和指数——2021 年犬猫粮供给指数

附　录

我国部分优秀宠物食品企业介绍

在我国宠物食品行业30年的发展历程中，涌现出了一批优秀的企业和知名的品牌，他们为推动宠物行业的发展和促进民族品牌的崛起发挥了重要的作用（企业排名不分先后）。

1. 烟台中宠食品股份有限公司

该公司创立于1998年，是中国宠物食品的开创者和行业龙头企业，总部位于山东省烟台市。旗下拥有“Wanpy”“ZEAL”“Happy100”等核心自主品牌，其中“Wanpy”品牌荣获“中国驰名商标”称号。目前，集团在全球拥有18个现代化高端宠物食品生产基地，开创了中国宠物行业第一家到美国、加拿大、新西兰等发达国家建厂，以及到发达国家收购企业和品牌的先河。产品涉及宠物（犬猫）零食、湿粮、干粮、饼干、洁齿骨等全线产品，十二大类1 000余个品种，是中国宠物食品行业产品线最长、产品品类最全的企业之一。2017年8月21日在深圳证券交易所成功挂牌上市（中宠股份证券代码：002891），成为宠物行业深圳证券交易所主板第一家上市企业。

2. 乖宝宠物食品集团股份有限公司

该公司始建于2006年，公司位于山东省聊城市，经过多年积累，产品销往欧美、日韩等30多个国家和地区，主要客户包括沃尔玛百货有限公司、斯马克公司、品谱公司等全球大型零售商和知名宠物品牌运营商。2013年公司创建自有品牌“Myfoodie”，主打“国际化、天然、专业、时尚、创新”的品牌形象。公司目前在国内、泰国拥有两大生产基地，建设有自动化智能化生产线、个性化定制生产线、智能仓储、物流电商中心与辐照中心，建立了完善的原料供应和品质控制体系。公司实施HACCP食品安全控制体系，获得FSSC 22000、BRCGS等多项食品安全体系认证，先后通过了美国食品与药品监督管理局、加拿大食品检验署以及日本农林水产省的认证与注册。近年来获得“省级企业技术中心”“农业产业化省级重点龙头企业”“山东省质量标杆企业”“山东省农产品出口示范企业”“山东省绿色营养宠物食品工程实验室”等荣誉。

3. 江西华亨宠物食品股份有限公司

该公司成立于2011年，位于江西省瑞昌市，占地面积8.6万平方米，年设计生产能力达1.5万吨，产值2.6亿元。产品涵盖畜皮咬胶类零食、肉制零食类、动植物营养类零食、饼干面包等四大类1 000余种。产品销往全球50多个国家，是中国宠物行业唯一拥有毛皮进口权并用毛皮加工成品的企业。公司于2016年8月1日股票正式挂牌在股转系统公开转让。证券名称：华亨股份，证券代码：837995。公司在中国海关CIQ备案，通过了ISO 22000：2005、HACCP、英国BRC、澳大利亚PFIAA-AS 5812认证、欧盟进口卫生注册和美国FDA备案许可。该公司荣获“江西省重点出口名牌企业”“瑞昌市市长质量奖”“企业出口创汇奖”“瑞昌市优秀企业”“九江市龙头企业”“江西省专精特新企业”等荣誉，在行业中拥有良好的声誉。

4. 上海比瑞吉宠物用品股份有限公司

该公司2002年3月成立，为国内第一批宠物食品自有工厂企业，同时创立“诺瑞”“比瑞吉”“品果”等自主品牌，产品热销30多个国家，创造了多个中国和世界第一。2009年首次采用“中华烹饪美食技术”制作干粮零食肉粒双拼粮的开饭乐品牌，2010年首次采用“草本融入干粮”药食同源的比瑞吉处方粮，2011年推出“比瑞吉天然粮”，并向行业公开且通过备案认可的“天然粮标准”，2016年开始向欧亚发达国家输出“灵萃品牌有益草本日粮”，2018年引进和推广“肉小方”主食湿粮，并采用“纸质替代金属或塑料”的环保包装。目前是上海市“专精特新”中小企业，高新技术企业，上海经济和信息化委员会认定的“上海市企业技术中心”，现拥有中国和欧盟授权专利53项（其中发明专利8项，欧盟授权专利9项），被中国饲料工业协会授予“全国十强宠物饲料企业”和“一带一路”国际合作先进饲料企业称号。

5. 华兴宠物食品有限公司

华兴宠物食品有限公司位于河北邢台南和区，成立于2009年，注册资本6 000万元，先后荣获“农业产业化国家重点龙头企业”“国家级高新技术企业”“全国十强宠物饲料企业”“PFA年度中国质造大奖”“河北省饲料行业科技创新企业”等荣誉称号。旗下“奥丁”商标被认定为中国驰名商标。公司建有独立的研发中心和1 300余只犬猫的宠物试验基地；与国内多所高校进行校企合作，开展宠物营养与食品科学领域的研究与开发，有力支撑了产品的科技创新和品牌升级，目前已形成干粮、湿粮、处方粮、保健品、零食等多品类产品线。公司现有员工500余人，占地7万多平方米、年产能18万吨。

6. 上海福贝宠物用品股份有限公司

该公司成立于2005年，总部位于上海市松江区，注册资本3.6亿元。该公司是国内专业化的宠物食品生产服务提供商，为广大品牌商客户提供OEM/ODM代工生产和技术支持服务。目前拥有总占地面积超过280亩的国内三大生产基地，和国际一流的专业宠物食品生产线。公司通过了ISO 22000：2018食品安全管理体系认证，荣获2016“全国十强宠物饲料企业”、上海市“专精特新”中小企业等多项荣誉称号。

7. 河北荣喜宠物食品有限公司

该公司创立于2002年，总部位于河北省邢台市南和区，是一家集研发、生产、销售为一体的大型现代化宠物食品企业。先后获得ISO 9001、ISO 22000国际质量双项认证，以及“农业产业化龙头企业”“产品质量打假维权重点服务单位”“河北省重点龙头企业”“河北省著名商标”“消费者满意十佳（行业）品牌”“全国十强宠物饲料企业”等荣誉称号。公司历经20年长足发展和行业沉淀，已成为员工达200多名，总资产2亿多元的现代化宠物食品企业。

8. 邢台市伊萨宠物食品有限公司

该公司成立于2008年，总部位于河北省邢台市南和区，注册资金5 000万元，现有“伊萨”“欧圣”“欧嘉”“嘉露”等18个系列产品，是一家集宠物食品研发、生产、销售为一体的综合性企业。近年来公司先后被评为“国家高新技术企业”“全国十强宠物饲料企业”“河北省著名商标企业”“河北省饲料行业十强企业”“河北省科技型中小企业”“河北省农村创业星创天地”“邢台市农业产业化龙头企业”。通过了安全生产标准化认证、ISO 22000国际食品安全管理体系认证、ISO 9001—2015国际质量管理体系认证等多项体系认证，同时产品被评为“河北省优质产品”。

9. 邢台市派得宠物食品有限公司

该公司创建于2007年，总部位于河北省邢台市南和区，现有“派得”“夸克”“优瑞派”“宠维滋”等15个系列产品。2014年，公司被评为“河北省著名商标”企业和“安全生产标准化”企业。公司先后通过质量管理体系和食品安全管理体系认证。被中国饲料工业协会评为“全国十强宠物饲料企业”“河北省宠物产业协会副会长单位”“河北省科技型中小企业”“邢台市农业产业化重点龙头企业”。公司拥有国内先进的全自动化生产设备，年产能力7万吨。

10. 成都好主人宠物食品有限公司

该公司是通威集团旗下企业，成立于2000年。作为国内最早的宠物食品企业之一，该公司一直以中国民族宠物食品行业开拓者的身份坚定前行。率先成为国内通过ISO 9001和HACCP体系认证的宠物食品生产企业以及宠物食品行业首个获得“中国驰名商标”的企业。2017年引进荷兰格林干燥机、意大利真空喷涂机、智能锅炉等一系列国内外先进的宠物食品生产设备。该公司根据品牌和自有工厂的特色，搭建了“自有品牌+自营零售”的销售模式，在2020年获中国饲料工业协会“全国十强宠物饲料企业”荣誉称号，同年获“全国质检稳定合格产品”专用标识。

11. 山东帅克宠物有限公司

该公司于2012年进军宠物行业，依托于中国鲜肉原料核心产地沂南县（中国肉鸭第一县），结合“中国物流之都”临沂便捷强大的物流网络，公司建立起了完善的供应链服务体系，作为国内最早拥有生产高比例鲜肉技术的企业，为广大客户提供一站式宠物主粮及宠物零食ODM/OEM服务。公司共获得了41项国家专利，制定了36项企业标准，先后通过了ISO 9001国际质量体系认证、ISO 22000食品安全管理体系认证、BRC认证、FDA认证、SGS认证、GMP 认证等多项国内外产品质量认证。2019年1月，公司被评为“国家标准化物流试点企业”，2020年荣获“高新技术企业”和临沂市“专精特新”中小企业称号，被评为“临沂市饲料行业协会优秀企业”及“沂南县新动能领军企业”等。

12. 安贝（北京）宠物食品有限公司

该公司创立于1999年，其前身为北京济海兴业科技开发有限公司，于2019年创建安贝（北京）宠物食品有限公司，实现品牌与公司名称的统一。该公司是国内最早生产宠物保健品的公司之一，开创了中国宠物保健品的先河，从1999年连续推出补充钙、维生素、矿物质、益生菌、电解质和脂肪酸，改善关节，亮眼，羊奶粉，酶解小肽等系列宠物保健品，目前形成五大系列200多种宠物保健品。公司创立之初，在北京建有生产基地，为支持首都的功能地位，于2015年迁址河北省张家口市。

13. 天津朗诺宠物食品有限公司

该公司成立于2009年，是中国专业化的冻干宠物食品研发、生产、销售（内销及出口）企业。公司通过了ISO 9001质量管理体系、ISO 22000食品安全管理体系认证，通过了原天津出入境检验检疫局（CIQ）注册、欧盟注册、美国FDA认证、俄罗斯注册及英国BRCGS认证、加拿大CFIA认证。从2010年开始，该公司为欧美国家的知名宠物食品品牌贴牌生产，产品已销往欧美等20多个发达国家和地区。2021年9月，该公司获得深圳新瑞鹏宠物医疗集团A轮投资。2022年公司作为主要起草人，参与了农业农村部《冻干宠物食品》行业标注的制定。

14. 雷米高动物营养保健科技有限公司

该公司于2006年创立，2009—2011年创建五大宠物产品体系：宠物犬猫粮、药品、保健品、护理品、零食，开拓多元化发展；2012—2013年建立雷米高广东三水生产基地，次年犬猫粮生产线投产，推出新系列功能辅助性高级犬猫粮“赛极号”；2014—2015年成立宠物药品事业部，开始筹划OTC药与专业宠物医疗药独立运营；2016—2017年加强线上电商产业链发展，投资并购天猫店铺，加强京东店铺运营；2018—2019年建立雷米高宠物美容学校和犬舍，成立雷米高技术顾问委员会，聚焦技术创新及产品研发；2020年与京东超市签署“亿元俱乐部”战略合作协议。

15. 湖南佩达生物科技有限公司

该公司成立于2019年5月21日，位于湖南省宁乡高新技术产业园，是集宠物食品研发、生产及销售为一体的综合性服务企业，已为全球300多个品牌提供产品技术创新和生产服务支持。该公司自有200亩厂区，设有六大车间，合计年产能40 000吨；配备高标准物流仓储库及1.7万平方米办公及研发检测中心。在宠物食品制造领域，智能制造化程度达到国内领先水平，现已被评为国家级高新技术企业。该公司建立了完善的质量管理体系和国际食品安全卫生管理体系，通过了GB/T19001—2016/ISO9001：2015质量管理体系，ISO22000：2018（包含HACCP）食品安全管理体系、英国BRC全球零售商食品安全卫生标准、美国FDA认证、对外贸易经营者备案登记、海关进出口货物收发货人备案等认证。

16. 鑫岸生物科技(深圳)有限公司

该公司成立于2016年，由中国台湾东华饲料股份有限公司（成立于1977年）家族成员、中国台湾宠物营养保健食品学会委员及中国科学院深圳先进技术研究院工程师组建，注册资金1 000万元，是一家集研发、生产、销售、服务为一体的冻干宠物食品创新型企业，目前已申请及授权专利17项，涵盖溯食粮原切肉主食、零食冻干，溯小粮PBM益生菌主食冻干技术及产品，2021年主营业务销售额达到6 000万元。公司拥有共计6 000多平方米的冻干宠物食品研发及生产基地，配备日本进口大型高端冻干机1台，国产冻干机2台，清洗、切丁、漂烫等大型生产设备20多台。公司2021年通过美国FDA认证。

17. 平阳宠物小镇

平阳宠物小镇位于温州市平阳县水头镇，贯穿水头溪心岛、老城区和北港新城，规划面积约3.34平方千米，核心区位于小镇的东北部，面积0.9平方千米，是浙江省唯一的宠物产业类特色小镇。平阳宠物小镇也在宠物经济和宠物文化的双轮驱动下，不断深化内核支撑，先后荣获了“中国宠物用品出口基地”“国家外贸转型升级基地”“国家级出口宠物食品质量安全示范区”三张国字号金名片。

2014年，时任浙江省省长李强在平阳调研时指出，水头镇的宠物产业很有特色，可以和南雁镇的旅游开发结合起来，让更多的人知道。2016年，浙江省公布第二批42个省级特色小镇创建名单，平阳宠物小镇作为时尚产业类特色小镇入围。平阳的宠物产业已经形成“企业近百、员工过万、产值50亿元”的格局，拥有佩蒂动物股份有限公司、温州源飞宠物玩具制品股份有限公司两大宠物行业龙头企业，宠物产品种类已发展至20个系列、1 000多个品种，宠物咬胶食品出口额占全国总额的60%以上，是全国最大的宠物用品生产和销售聚集地。

18. 温州源飞宠物玩具制品股份有限公司

该公司成立于2004年，经过近20年的发展与积累，产品销售市场覆盖美国、英国、德国、日本、丹麦等40多个国家和地区，并与国内外各大宠物行业市场建立了良好的合作关系。公司在上海设有设计研发中心，在美国设立了前沿研究小组。拥有环境管理体系认证、质量管理体系认证、食品安全管理体系认证和GRS等多项认证，并牵头起草制定了浙江省宠物狗鞍具的制造标准。在中国温州市和号称“东方十字路口”的柬埔寨设立了大规模的生产加工基地，以快速、高质量地实现客户的需求，并避免国际贸易政策变化的风险。2022年5月12日，证监会发审委通过该公司首发申请。

19. 锦恒控股集团有限公司

该公司前身为温州锦华宠物用品有限公司，创办于1995年7月，2011

年12月7日经国家工商行政管理总局核准，创建了浙江省首个以经营宠物食品的锦恒控股集团有限公司。拥有员工约2 000人，占地总面积10多万平方米，现有资产4亿元，年产值5亿元，出口4.7亿元，拥有温州锦华宠物用品有限公司、温州锦恒宠物食品有限公司和苏州锦华宠物用品有限公司3家宠物用品公司。旗下宠物产品制造企业年产各类咬胶食品、功能性保健品、营养品达2万多吨，产品90%出口全球20多个国家和地区，尤为“锦华”“哈派依”“牛磨王”品牌产品久负盛名，具有健康、营养、安全、卫生、适口等特点，深受全球客户和消费者青睐。

20. 华晖实业有限公司

该公司创建于1996年5月，是一家集研发、生产、销售、服务为一体，专业生产宠物犬的畜皮咬胶、植物咬胶、肉类和饼干等零食的现代化企业，旗下有江苏乐乐宠物食品有限公司、温州齐平宠物营养科技有限公司、平阳县勤丰宠物营养科技有限公司、温州伟业宠物用品有限公司、平阳县乐东宠物用品有限公司等企业。2021年总产值达2.6亿元，员工人数约1 000名。现已建立起欧美及东南亚等十几个国家和地区数十家大客户的友好合作关系，并与多家国际顶级宠物零食品牌商达成战略合作伙伴关系。通过国家质检总局备案、BSCI全球标准食品安全管理体系认证、HACCP食品安全管理体系认证、美国FDA注册、欧盟官方卫生准许注册。发明专利产品“烟熏猪皮狗咬胶系列”投放欧美市场后深受消费者喜爱，是北美地区沃尔玛等超市宠物食品类商品销量名列前茅的产品。